国家出版基金项目
NATIONAL PUBLICATION FOUNDATION

"十二五"国家重点图书出版规划项目
绿色经济与绿色发展丛书 / 刘思华·主编

现代企业生态责任探究

AN EXPLORATION OF THE MODERN
CORPORATE ECOLOGICAL RESPONSIBILITY

贾成中　著

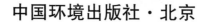

中国环境出版社·北京

图书在版编目（CIP）数据

现代企业生态责任探究/贾成中著. —北京：中国环境出
版社，2017.8
（绿色经济与绿色发展丛书/刘思华主编）
ISBN 978-7-5111-3213-0

Ⅰ．①现…　Ⅱ．①贾…　Ⅲ．①生态环境建设—企业
责任—研究—中国　Ⅳ．①X321.1

中国版本图书馆 CIP 数据核字（2017）第 128728 号

出 版 人　王新程
策　　划　沈　建　陈金华
责任编辑　陈金华　宾银平
责任校对　尹　芳
封面设计　耀午设计　彭　杉

出版发行　中国环境出版社
　　　　　（100062　北京市东城区广渠门内大街 16 号）
　　　　　网　　址：http://www.cesp.com.cn
　　　　　电子邮箱：bjgl@cesp.com.cn
　　　　　联系电话：010-67112765（编辑管理部）
　　　　　　　　　　010-67113412（教材图书出版中心）
　　　　　发行热线：010-67125803，010-67113405（传真）
印　　刷　北京中科印刷有限公司
经　　销　各地新华书店
版　　次　2017 年 8 月第 1 版
印　　次　2017 年 8 月第 1 次印刷
开　　本　787×960　1/16
印　　张　12
字　　数　210 千字
定　　价　36.00 元

总 序

迈向生态文明绿色经济发展新时代

在党的十七大提出的"建设生态文明"的基础上，党的十八大进一步确立了社会主义生态文明的创新理论，构建了建设社会主义生态文明的宏伟蓝图，制定了社会主义生态文明建设的基本任务、战略目标、总体要求、着力点和行动方案，并向全党全国人民发出了"努力走向社会主义生态文明新时代"的伟大号召。按照生态马克思主义经济学观点，走向社会主义生态文明新时代，就是迈向生态文明与绿色经济发展新时代。这既是中华文明演进和中国特色社会主义经济社会发展规律与演化逻辑的必然走向和内在要求，又是人类文明演进和世界经济社会发展规律与演化逻辑的必然走向和内在要求。因此，绿色经济与绿色发展是 21 世纪人类文明演进与世界经济社会发展的大趋势、大方向，集中表达了当今人类努力超越工业文明黑色经济发展的旧时代而迈进生态文明绿色经济发展新时代的意愿和价值期盼，已成为人类文明演进和世界经济社会发展的必然选择和时代潮流。据此，建设绿色文明、发展绿色经济、实现绿色发展，是全人类的共同道路、共同战略、共同目标，是生态文明绿色经济及新时代赋予我们的神圣使命与历史任务。毫无疑问，当今世界和当代中国一个生态文明绿色经济发展时代正在到来。为了响应党的十八大提出的"努力走向社会主义生态文明新时代"的伟大号召，迎接生态文明绿色经济发展新时代的来临，中国环境出版社特意推出"十二五"国家重点图书出版规划项目"绿色经济与绿色发展丛书"（以下简称"丛书"）。笔者作为"丛书"主编，并鉴于目前"半绿色经济论""伪绿色经济发展论"日渐盛行，故就"中国智慧"创立的绿色经济理论与绿色发展学说的几个重大问题添列数语，是为序。

一、关于绿色经济的理论本质问题

绿色经济的本质属性即理论本质：不是环境经济学的范畴，而是生态经济学与可持续发展经济学的范畴。西方绿色思想史表明，"绿色经济"这个词汇最早见于英国环境经济学家大卫·皮尔斯 1989 年出版的第一本小册子《绿色经济的蓝图》（后称"蓝图 1"）的书名中。其后"蓝图 2"的第二章的第一节两次使用了"绿色经济"这个名词，直到 1995 年出版"蓝图 4"，也没有对绿色经济作出界定，这就是说 4 本小册子都没有明确定义绿色经济及诠释其本质内涵。对此，方时姣教授从世界绿色经济思想发展史的视角进行了全面评述。[①]"蓝图 1"主要介绍英国的环境问题和环境政策制定，正如作者指出的"我们的整个讨论都是环境政策的问题，尤其是英国的环境政策"。"蓝图 2"1991 年出版，是把"蓝图 1"的环境政策思想拓展到世界及全球性环境问题和环境政策。"蓝图 3"1993 年出版，又回到"蓝图 1"的主题，即英国的环境经济与可持续发展问题的综合。"蓝图 4"则又回到"蓝图 2"讨论的主题，正如作者在前言中所指出的"绿色经济的蓝图从环境的角度，阐述了环境保护及改善问题"。因此，从"蓝图 1"到"蓝图 4"，对绿色经济的新概念、新思想、新理论，没有作任何诠释的论述，仅仅只是借用了绿色经济这个名词，来表达过去的 25 年环境经济学流派发展的新综合，确实是"有关环境问题的严肃书籍"。

皮尔斯等人在当今世界率先使用"绿色经济"这一词汇并得到了广泛传播，但基本上只是提及了这个概念，没有深入研究，尤其是理论研究。因此，在西方世界的整个 20 世纪 90 年代至 2008 年爆发国际金融危机的这一时期，仍然主要是环境经济学界的学者使用绿色经济概念，从环境经济学的视角阐述环境保护、治理与改善等绿色议题，其核心问题是讨论经济与环境相互作用、相互影响的环境经济政策问题，而关注点集中于环境污染治理的经济手段。在我国首先使用皮尔斯等人的绿色经济概念的是环境污染与保护工作者，并对其进行界定。例如，原国家环境保护局首任局长曲格平先生在 1992 年出版的《中国的环境与发展》一书中指出："绿色经济是指以环境保护为基础的经济，主要表现在：一是以治理污染和改善生态为特征的环保产业的兴起；二是因环境保护而引起的工业和农业生产方式的变

---

① 方时姣：《绿色经济思想的历史与现实纵深论》，载《马克思主义研究》2010 年第 6 期，第 55～62 页。

革，从而带动了绿色产业的勃发。"①在这里，十分清楚地表明了曲格平先生同皮尔斯等人一样，是借用绿色经济的概念来诠释环境保护、治理和改善的问题。其后，我国学界有一些学者把绿色经济当作环境经济的代名词，借用绿色经济之名，表达环境经济之实。总之，长期以来，国内外不少学者按照皮尔斯等人的学术路径，对绿色经济作了狭隘的理解而被看作是环境经济学的新概括，把它纳入环境经济学的理论框架之中，成为环境经济学的理论范畴。这就必然遮盖了绿色经济的本来面目，极大地扭曲了它的本质内容与基本特征，不仅产生了一些不良的学术影响，而且会误导人们的生态与经济实践。正如方时姣教授指出的："把绿色经济纳入环境经济学的理论框架来指导实践，最多只能缓解生态环境危机，是不可能从根本上解决生态环境问题的，也不可能克服生态环境危机，也就谈不上实现生态经济可持续发展。"②

20世纪90年代，我国生态经济学界就有学者用绿色经济这一术语概括生态环境建设绿色议题和生态经济协调发展研究的新进展，论述重点是"一切都将围绕改善生态环境而发展，核心问题是要实现人和自然的和谐、经济与生态环境的协调发展。"③为此，笔者针对皮尔斯等国内外学者以环境经济学理论范式来回应绿色经济议题，在1994年出版了《当代中国的绿色道路》一书，以生态经济学新范式来回应绿色经济议题，以生态经济协调发展理论平台在深层次上阐述"发展经济必须与发展生态同时并举，经济建设必须与生态建设同步进行，国民经济现代化必须与国民经济生态化协调发展"的绿色发展道路。这就在国内外首次拉开了从学科属性上把绿色经济从环境经济学理论框架中解放出来的序幕。在此基础上，笔者于2000年1月出版的《绿色经济论——经济发展理论变革与中国经济再造》一书，深刻地论述了一系列重大的绿色经济理论前沿和现实前沿问题，科学地揭示了生态经济与知识经济同可持续发展经济之间的本质联系及其发展规律，破解了三者之间相互渗透、融合发展的绿色经济与绿色发展的内在奥秘，成为中国绿色经济理论与绿色发展学说形成的重要标志。尤其是该书把绿色经济看作是生态经济与可持续经济的新概括与代名词，并从这个新高度的最高层次对绿色经济提出了新命题："绿色经济

---

① 转引自刘学谦、杨多贵、周志强等：《可持续发展前沿问题研究》，北京：科学出版社，2010年版，第126页。
② 方时姣：《绿色经济思想的历史与现实纵深论》，载《马克思主义研究》2010年第6期，第55～62页。
③ 郑明焕：《把握机遇，在大转变中求发展》，1992年3月28日《中国环境报》。

是可持续经济的实现形态和形象概括。它的本质是以生态经济协调发展为核心的可持续发展经济。"①这个界定肯定了绿色经济的生态经济属性，揭示了它的可持续经济的本质特征，从学科属性上把它从环境经济学理论框架中彻底解放出来，真正纳入生态经济学与可持续发展经济学的理论体系，成为生态经济学与可持续发展经济学的理论范畴，恢复了绿色经济的本来面目。虽然这个绿色经济的定义十分抽象，却反映了它的本质属性与科学内涵，得到了多数绿色经济研究者的认同和广泛使用。然而时至今日，在我国仍有少数学者尤其在实际工作中也有不少人还在用环境经济学范畴中的绿色经济理念来指导经济实践，这种现象不能继续下去了。

二、关于绿色经济的文明属性问题

绿色经济的文明属性不是工业文明的经济范畴，而是生态文明的经济范畴。世界绿色经济思想史告诉我们，在学科属性上把绿色经济当作环境经济学的新观念与代名词，纳入环境经济学的理论框架，就必然在文明属性上把它纳入工业文明的基本框架，成为工业文明的经济范畴，即发展工业文明的经济模式。这是因为，环境经济学是调整、修补、缓解人与自然的尖锐对立、环境与经济的互损关系的工业文明时代的产物，是工业文明"先污染后治理"经济发展道路的理论概括与学理表现。自皮尔斯等人指出环境经济学范畴的绿色经济概念以来，国内外一个主流绿色经济观点就是对绿色经济的狭隘的认识与把握，只是把它看成是解决工业文明经济发展过程中出现的生态环境问题的新经济观念，是能够克服工业文明的褐色经济或黑色经济弊端的经济模式。在我国这种观点比较流行。例如，有的学者认为："绿色经济是以市场为导向、以传统产业经济为基础、以经济与环境的和谐为目标而发展起来的一种新型的经济形式即发展模式"，"是现代工业化过程中针对经济发展对环境造成负面影响而产生的新经济概念"。时至今日，这种工业文明经济范畴的绿色经济概念仍被人引用来论证自己的绿色经济观念。因此，在此我要再次强调：工业文明经济范畴的绿色经济观念，在本质上仍是人与自然对立的文明观，并没有从根本上消除工业文明及黑色经济反生态和反人性的黑色基因，丢弃了绿色经济是生态经济协调发展的核心内容和超越工业文明黑色经济、铸造生态文明生态经济的本质属性，从而否定了绿色经济是生态文明生态经济形态的理论内涵与实践价值。因此，

---

① 刘思华：《绿色经济论》，北京：中国财政经济出版社，2001 年版，第 3 页。

以工业文明经济范式或理论平台来回应绿色经济议题，是不可能从根本上触动工业文明黑色经济形态的，是难以走出工业文明黑色经济发展道路的；最多是缓解局部自然环境恶化，是不可能解决当今人类面对的生态经济社会全面危机的。因此，决定了我们必须也应当以生态文明新范式或理论平台在深层次回应绿色经济与发展绿色经济议题，才能顺应 21 世纪生态文明与绿色经济时代的历史潮流。

生态马克思主义经济学哲学告诉我们：彻底的生态唯物主义者，不仅要在学科属性上把绿色经济从环境经济学的理论框架中解放出来，成为生态经济与可持续发展经济的理论范畴，而且在文明属性上，要把它从工业文明的基本框架中解放出来，作为生态文明的经济范畴。前面提到的笔者所著的《当代中国的绿色道路》《绿色经济论》这两部著作，是实现绿色经济这两个生态解放的成功探索。早在 1998 年笔者在《发展绿色经济，推进三重转变》一文中就明确提出了发展绿色经济的新的经济文明观，明确指出："人类正在进入生态时代，人类文明形态正在由工业文明向生态文明转变，这是人类发展绿色经济、建设生态文明的一个伟大实践。"①邹进泰、熊维明的《绿色经济》一书中指出：绿色经济发展"是从单一的物质文明目标向物质文明、精神文明和生态文明多元目标的转变。发展绿色经济，尤其要避免'石油工业''石油农业'造成的高消耗、高消费、高生态影响的物质文明，而要造就高效率、低消耗、高活力的生态文明"。②可见"中国智慧"在世界上最早实现绿色经济的两个生态解放、纳入生态文明的基本框架，是人与自然和谐统一、生态与经济协调发展的建设生态文明的必然产物。下面还要作几点说明：

（1）按照人类文明形态演进和经济社会形态演进一致性的历史唯物主义社会历史观的理论思路，生态文明是继原始文明、农业文明、工业文明（包括后工业文明）之后的全新的人类社会文明形态，它不仅延续了它们的历史血脉，而且创新发展了它们尤其是工业文明的经济社会形态，使工业文明从人与自然相互对立、生态与经济相分裂的工业经济社会形态，朝着生态文明以人与自然和谐统一、生态与经济协调发展的生态经济社会形态演进。这是人类文明经济社会的全方位、最深刻的生态变革与绿色经济转型，可以说是人类文明历史发展以来最伟大的生态经济社会变革运动。

---

① 刘思华：《刘思华文集》，武汉：湖北人民出版社，2003 年版，第 403 页。
② 邹进泰、熊维明等：《绿色经济》，太原：山西经济出版社，2003 年版，第 12 页。

（2）我们要深刻认识和正确把握绿色经济的概念属性与本质内涵，正是这个属性和内涵决定了它是生态文明生态经济形态的实现形式与形象概括。世界工业文明发展的历史表明，无论是资本主义工业化，还是社会主义工业化；无论是发达国家工业化，还是发展中国家工业化，都走了一条工业经济黑色化的黑色发展道路，形成了工业文明黑色经济形态。据此，工业文明主导经济形态的工业经济形态的实现形态与形象概括就是黑色经济形态。而生态文明开辟了经济社会发展绿色化即生态化的绿色发展道路，最终形成生态文明绿色经济形态。它是对工业文明及其黑色经济形态的批判、否定和扬弃，是在此基础上的生态变革和绿色创新。这就是说，绿色经济的根本属性与本质内涵是生态经济与可持续发展经济，使它必然在本质上取代工业经济并融合知识经济的一种全新的经济形态，是生态文明新时代的主导经济形态的现实形态。所以，笔者反复指出："绿色经济作为生态文明时代的经济形态，是生态经济形态的现实象征与生动概括。"①这不仅肯定了绿色经济是生态经济学与可持续发展经济学的理论范畴，而且界定了绿色经济是生态文明的经济范畴，恢复了绿色经济的本来面目。

（3）绿色经济实现"两个生态解放"之后，就应当对它重新定位。现在我们可以将绿色经济的科学内涵和外延表述为：以生态文明为价值取向，以自然生态健康和人体生态健康为终极目的，以提高经济社会福祉和自然生态福祉为本质特征，以绿色创新为主要驱动力，促进人与自然和谐发展和生态与经济协调发展为根本宗旨，实现生态经济社会发展相统一并取得生态经济社会效益相统一的可持续经济。因此，发展绿色经济是广义的，不仅是指广义的生态产业即绿色产业，而且包括低碳经济、循环经济、清洁能源和可再生能源、碳汇经济以及其他节约能源资源与保护环境、建设生态的经济等。②这个新界定正确地揭示了绿色经济的本质属性、科学内涵、概念特征与实践主旨，准确地体现了绿色经济历史趋势与时代潮流；绿色经济观念、理论是人与自然和谐统一、生态与经济协调发展的生态文明新时代的理论概括与学理表现。只有这样认识和把握绿色经济，才能真正符合生态文明与绿色经济发展的客观进程与内在逻辑。

（4）生态文明经济范畴的绿色经济包含两层经济含义：一是它作为理论形态是

---

① 中国社会科学院马克思主义学部：《36位著名学者纵论中国共产党建党90周年》，北京：中国社会科学出版社，2011年版，第409页。

② 刘思华：《生态文明与绿色低碳经济发展总论》，北京：中国财政经济出版社，2001年版，第1页。

生态文明的经济社会形态范畴，是生态文明时代崭新的主导经济，我们称之为绿色经济形态。二是它作为实践形态是生态文明的经济发展模式，是生态文明崭新时代的经济发展模式，我们称之为绿色经济发展模式。这就决定了建设生态文明、发展绿色经济的双重战略任务，既要形成生态和谐、经济和谐、社会和谐一体化的绿色经济形态，又要形成生态效益、经济效益、社会效益最佳统一的绿色经济发展模式。据此，建设生态文明、发展绿色经济应当是经济社会形态和经济社会发展模式的双重绿色创新转型发展过程，这是革工业文明的黑色经济形态和经济发展模式之故、鼎生态文明的绿色经济形态和经济发展模式之新的过程。因此，每个战略任务都是双重绿色使命：一方面背负着克服、消除工业文明的黑色经济形态与发展模式的黑色弊端，对它们进行生态变革、绿色重构与转型，改造成为绿色经济形态与绿色经济发展模式；另一方面担负着创造人类文明发展的新形态，即超越资本主义工业文明（包括高度发达的后工业文明）的社会主义生态文明，构建与生态文明相适应的绿色经济形态和绿色经济发展模式。这是生态文明建设的中心环节，是绿色经济发展的实践指向，因此双重绿色经济就是我们迈向生态文明与绿色经济发展新时代，也是推动人类文明形态和经济社会形态与发展模式同步演进的双重时代使命与实践目标。实现双重时代使命所推动的变革不仅仅是工业文明形态及其黑色经济形态与发展模式本身的变革，而且是超越工业文明的生态文明及其他的经济形态与发展模式的生态变迁与绿色构建。这才符合生态文明与绿色经济的本质属性与实践主旨。

三、关于绿色发展理论与道路的探索问题

自 2002 年以来的 10 多年间，一直流传着联合国开发计划署在《2002 年中国人类发展报告：让绿色发展成为一种选择》中首先提出绿色发展，中国应当选择绿色发展之路。这个"首先"之说不知是何人的说法，是根本不符合绿色发展思想理论发展的历史事实的，是一种学术误传。

1. 我们很有必要对中国绿色发展思想理论发展的历史作简要回顾

如前所述，1994 年笔者在《当代中国的绿色道路》一书中，以生态经济学新范式及生态经济协调发展的新理论平台来回应绿色发展道路议题，阐述了绿色发展的一系列主要理论与实践问题，明确提出中国绿色发展道路的核心问题是"经济发展生态化之路"，"一切都应当围绕着改善生态环境而发展，使市场经济发展建立在

生态环境资源的承载力所允许的牢固基础之上，达到有益于生态环境的经济社会发展。"[1]1995 年著名学者戴星翼在《走向绿色的发展》一书中首次从"经济学理解绿色发展"的角度，明确使用"绿色发展"这一词汇，诠释可持续发展的一系列主要理论与实践问题，并认为"通往绿色发展之路"的根本途径在于"可持续性的不断增加"。[2]在这里，绿色发展成为可持续发展的新概括。2012 年著名学者胡鞍钢出版的《中国：创新绿色发展》一书，创新性地提出了绿色发展理念，开创性地系统阐述了绿色发展理论体系，总结了中国绿色发展实践，设计了中国绿色现代化蓝图。所以，笔者认为该书虽有不足之处，但从总体上说，丰富、创新、发展了中国绿色发展学说的理论内涵和实际价值，提出了一条符合生态文明时代特征的新发展道路——绿色发展之路。总之，中国学者探索绿色发展的理念、理论与道路的历史轨迹表明，在此领域"中国智慧"要比"西方智慧"高明，这就在于绿色发展在发展理念、理论、道路上突破了可持续发展的局限性，"将成为可持续发展之后人类发展理论的又一次创新，并将成为 21 世纪促进人类社会发生翻天覆地变革的又一次大创造。"[3]

2．21 世纪的绿色经济与绿色发展观

进入 21 世纪以后，绿色经济与绿色发展观念逐步从学界视野走进政界视野，尤其是面对 2008 年国际金融危机催化下世界绿色浪潮的新形势，以胡锦涛为总书记的中央领导集体正确把握当今世界发展绿色低碳转型的新态势、未来世界绿色发展的大趋势，站在与世界各国共建和谐世界与绿色世界的发展前沿上，直面中国特色社会主义的基本国情，提出了绿色经济与绿色发展的一系列新思想、新观点、新理论，揭示了发展绿色经济、推进绿色发展是当今世界发展的时代潮流。正如习近平同志所指出的："绿色发展和可持续发展是当今世界的时代潮流"，其"根本目的是改善人民生活环境和生活水平，推动人的全面发展。"[4]李克强还指出："培育壮大绿色经济，着力推动绿色发展"，"要加快形成有利于绿色发展的体制机制，通过政策激励和制度约束，增强推动绿色发展的自觉性、主动性，抑制不顾资源环境承

---

① 刘思华：《当代中国的绿色道路》，武汉：湖北人民出版社，1994 年版，第 86 页、第 101 页。
② 戴星翼：《走向绿色的发展》，上海：复旦大学出版社，1998 年版，第 1～23 页。
③ 胡鞍钢：《中国：创新绿色发展》，北京：中国人民大学出版社，2012 年版，第 20 页。
④ 习近平：《携手推进亚洲绿色发展和可持续发展》，2010 年 4 月 11 日《光明日报》。

载能力盲目追求增长的短期行为。"①笔者曾发文把以胡锦涛为总书记的中央领导集体的绿色发展理念概括为"四论"，即绿色和谐发展论、国策战略绿色论、绿色文明发展道路论、国际绿色合作发展论。②在此我们还要重视的是胡锦涛同志在 2003 年中央经济工作会议上明确指出："经济增长不能以浪费资源、破坏环境和牺牲子孙后代利益为代价。"其后，他进一步指出："我国是社会主义国家，我们的发展不能以牺牲精神文明为代价，不能以牺牲生态环境为代价，更不能以牺牲人的生命为代价。""我们一定要痛定思痛，深刻吸取血的教训。"③胡锦涛提出的不能以"四个牺牲为代价"换取经济发展的绿色原则，反映了改革开放以来，我国经济发展的基本经验和严重教训，这实质上是实现科学发展的四项重要原则，是推进绿色发展的四项重要原则。凡是以"四个牺牲为代价"换取的经济发展就是不和谐的、不可持续的非科学发展，这种发展可以称为黑色发展；凡是没有以"四个牺牲为代价"的经济发展就是和谐的、可持续的科学发展，这种发展可以称为绿色发展。正是在这个意义上说，不能以"四个牺牲为代价"是区分黑色发展和绿色发展的四项绿色原则。

3. 依法治国新政理念：发展绿色经济、推进绿色发展

当下中国执政者对绿色经济与绿色发展的认识与把握，已不只是学界那样把发展绿色经济、推进绿色发展视为全新的思想理论，而是一种崭新的全面依法治国的执政理念、发展道路与发展战略。党的十八大首次把绿色发展（包括循环发展、低碳发展）写入党代会报告，是绿色发展成为具有普遍合法性的中国特色社会主义生态文明发展道路的绿色政治表达，标志着实现中华民族伟大复兴的中国梦所开辟的中国特色社会主义生态文明建设道路是绿色发展与绿色崛起的科学发展道路。这条道路的理论体系就是"中国智慧"创立的绿色经济理论与绿色发展学说。它既是适应世界文明发展进步，更是适应中国特色社会主义文明发展进步需要而产生的科学发展学说，甚至可以说，是一种划时代的全新科学发展学说。对此，近几年来，我多次强调指出：绿色经济理论与绿色发展学说不是引进的西方经济发展思想，而是中国学界和政界马克思主义学人自主创立的科学发展新学说。它是立足中国、面向世界、通向未来的马克思主义发展学说，必将指引着中国特色社会主义沿着绿色发展与绿色崛起的科学发展道路不断前进。

---

① 李克强：《推动绿色发展　促进世界经济健康复苏和可持续发展》，2010 年 5 月 9 日《光明日报》。
② 刘思华：《科学发展观视域中的绿色发展》，载《当代经济研究》2011 年第 5 期，第 65～70 页。
③ 中共中央文献研究室：《科学发展观重要论述摘编》，北京：中央文献出版社，2008 年版，第 34 页、第 29 页。

"中国智慧"不仅从绿色经济的根本属性与本质内涵论证了绿色经济是生态文明的经济范畴，而且从绿色发展的根本属性与本质内涵界定了绿色发展是生态文明的发展范畴。故笔者把绿色发展表述为："以生态和谐为价值取向，以生态承载力为基础，以有益于自然生态健康和人体生态健康为终极目的，以追求人与自然、人与人、人与社会、人与自身和谐发展为根本宗旨，以绿色创新为主要驱动力，以经济社会各个领域和全过程的全面生态化为实践路径，实现代价最小、成效最大的生态经济社会有机整体全面和谐协调可持续发展，因此，绿色发展必将使人类文明进步和经济社会发展更加符合自然生态规律、社会经济规律和人自身的规律，即支配人本身的肉体存在和精神存在的规律（恩格斯语）"①或者说"更加符合三大规律内在统一的"自然、人、社会有机整体和谐协调发展的客观规律。现在我要进一步指出的是，从学理层面上说，绿色发展的理论本质是"生态经济社会有机整体全面和谐协调可持续发展"；从实践层面上看，绿色发展的实践主旨是实现"生态经济社会有机整体全面和谐协调可持续发展"。现在我们完全可以作出一个理论结论：绿色发展是生态经济社会有机整体全面和谐协调可持续发展的形象概括与现实形态。正是在这个意义上说，绿色发展是永恒的经济社会发展。这是客观真理。

4. 绿色发展学说中若干基本理论观点和现实问题

（1）绿色发展的经济学诠释，就是绿色经济与绿色发展内在统一的绿色经济发展。笔者在 2002 年《发展绿色经济的理论与实践探索》的学术报告中，首次提出了绿色经济发展新观念和构建了绿色经济发展理论的基本框架，明确指出："发展绿色经济是建设生态文明的客观基础和根本问题"，"绿色经济发展是人类文明时代的工业文明时代进入生态文明时代的必然进程"，"是推进现代经济的'绿色转变'走出一条中国特色的绿色经济建设之路"，"必将引起 21 世纪中国现代经济发展的全方位的深刻变革，是中国经济再造的伟大革命"，还强调指出："只有建立生态市场经济制度才能真正走出一条中国特色的绿色经济发展道路。"②因此，21 世纪中国绿色发展道路在经济领域内，就是绿色经济发展道路，这是中国特色社会主义经济发展道路走向未来的必由之路。

（2）20 世纪人类文明发展事实表明工业文明发展黑色化是常态，故工业文明确实是黑色文明，其发展是黑色发展，它的一切光辉成就的取得，说到底是以牺牲

---

① 刘思华：《生态马克思主义经济学原理》（修订版），北京：人民出版社，2014 年版，第 578～579 页。
② 刘思华：《刘思华文集》，武汉：湖北人民出版社，2003 年版，第 607～612 页。

自然生态、社会生态和人体生态为代价，创造着黑色的文明史。因此，生态马克思主义经济学哲学得出一个人类文明时代发展特征的结论："工业文明是黑色发展时代，生态文明是绿色发展时代……'中国智慧'对从工业文明黑色发展向生态文明绿色发展巨大变革的认识，是 21 世纪中华文明发展头等重要的发现，是科学的最大贡献。"①从工业文明黑色发展走向生态文明绿色发展是生态经济社会有机整体的全方位生态变革与全面绿色创新转变，是人类文明发展史上最伟大的最深刻的生态经济社会革命。它的中心环节是要实现工业文明黑色发展道路向生态文明绿色发展道路的彻底转轨，其关键所在是要实现工业文明黑色发展模式向生态文明绿色发展模式的全面转型。②只有实现这两个"根本转变"，人类文明形态演进和经济社会形态演进才能真正迈向生态文明与绿色经济发展新时代。

（3）和谐发展和绿色发展是生态文明的根本属性与本质特征的两种体现，是生态文明时代生态经济社会有机整体全面和谐协调可持续发展的两个方面。这是因为：① 生态马克思主义经济学哲学告诉我们，人类文明进步和经济社会发展的实质就是自然、人、社会有机整体价值的协调与和谐统一，是实现人与自然、人与人、人与社会、人与自身的全面和谐协调，成为人类文明进步与经济社会发展的历史趋势和终极价值追求。因此，笔者在《生态马克思主义经济学原理》一书中就指出了狭义与广义生态和谐论，指出"狭义生态和谐"就是人与自然的和谐发展即自然生态和谐，这是狭义生态文明的核心理念。而和谐发展不仅是人与自然的和谐发展，还包括人与人、人与社会及个人的身心和谐发展，于是我把这"四大生态和谐"称之为"广义的生态和谐"的全面和谐发展。这是广义生态文明的根本属性与本质特征，就必然成为生态文明的绿色经济形态与绿色发展模式的根本属性与本质特征。② 生态马克思主义经济学哲学还认为，从自然、人、社会有机整体的四大生态和谐协调发展意义上说，生态和谐协调发展已成为当今中国和谐协调发展的根基。这是绿色发展的核心与灵魂。因此，建设生态文明、发展绿色经济、推进绿色发展，必须贯穿于中国生态经济社会有机整体发展的全过程和各个领域，不断追求和递进实现"四大生态关系"的全面和谐发展，这是绿色发展的真谛。

---

① 刘思华：《生态马克思主义经济学原理》（修订版），北京：人民出版社，2014 年版，第 579 页。

② 胡鞍钢教授在《中国：创新绿色发展》一书中认为："以高消耗、高污染、高排放为基本特征的发展，即黑色发展模式。"我认为应当以高投入、高消耗、高排放、高污染、高代价为基本特征的发展就是工业文明黑色发展模式，而以"五高"黑色发展模式为基本内容与发展思路就是工业文明黑色发展道路。

（4）全面生态化或绿色化是绿色发展的主要内容与基本路径。2011 年夏，中国绿色发展战略研究组课题组撰写的《关于全面实施绿色发展战略向十八大报告的几点建议》一书指出：按照马克思主义生态文明世界观和方法论，生态化应当写入党代会报告，使中国特色社会主义旗帜上彰显着社会主义现代文明的生态化发展理念，这是建设社会主义生态文明的必然逻辑，是发展绿色经济、实现绿色发展的客观要求，是构建社会主义和谐社会的必然选择。这里所说的生态化发展理念，就是绿色发展理念。后者是前者的现实形态与形象概括，在此我们很有必要作进一步论述：

☞　生态化是一个综合科学的概念，是前苏联学者首创的现代生态学的新观念：早在 1973 年苏联哲学家 B. A. 罗西在《哲学问题》杂志上发表的《论现代科学的"生态学化"》一文中，就将生态化称为"生态学化"，其本质含义是"人类实践活动及经济社会运行与发展反映现代生态学真理"。以此观之，生态化主要是指运用现代生态学的世界观和方法论，尤其依据"自然、人、社会"复合生态系统整体性观点考察和理解现实世界，用人与自然和谐协调发展的观点去思考和认识人类社会的全部实践活动，最优地处理人与自然的自然生态关系、人与人的经济生态关系、人与社会的社会生态关系和人与自身的人体生态关系，最终实现生态经济社会有机整体全面和谐协调可持续的绿色发展"。①生态化这个术语是国内外学者，尤其在中国新兴、交叉学科的学者广泛使用的新概念，其论著中使用的频率最高，当代中国已经出现新兴、交叉经济学生态化趋势。因此，这个界定从学理上说，我们可以作出一个合乎逻辑的结论：生态化应当是生态文明与绿色发展的重要范畴，甚至是基本范畴。

☞　当今人类生存与发展需要进行一场深刻的生态经济社会革命，走绿色发展新道路，推进人类生存与发展的生产方式和生活方式的生态化转型，实现人类生存方式的全面生态化。它就内在要求人类社会的经济、科技、文教、政治、社会活动等经济社会运行与发展的全面生态化。在当代中国就是使中国特色社会主义生态经济社会体系运行朝着生态

---

①　刘思华：《论新型工业化、城镇化道路的生态化转型发展》，载《毛泽东邓小平理论研究》2013 年第 7 期，第 8～13 页。

化转型的方向发展。这种生态化转型发展就成为生态经济社会运行与发展的内在机制、主要内容、基本路径与绿色结果。这样的当代中国走生态化转型发展之路，是走绿色发展的必由之路与基本走向。可以说，"顺应生态化转型者昌，违背生态化转型者亡。"①这不仅是当今人类文明进步和世界经济社会发展，而且是中国特色社会主义文明进步和当代中国经济社会发展的势不可当的生态化即绿色化发展大趋势。

☞ 生态马克思主义经济学哲学强调生态文明是广义和狭义生态文明的内在统一，②并把广义生态文明称为绿色文明，既然生态化是生态文明的一个重要范畴，那么它就同生态文明，也是广义与狭义生态化的内在统一；这样说，可以把广义生态化称之为绿色化。两者的本质内涵是完全一致的。2015 年 3 月 24 日，中共中央政治局审议通过的《关于加快推进生态文明建设的意见》首次使用了绿色化这一术语，要求在当前和今后一个时期内，协同推进新型工业化、城镇化、信息化、农业现代化和绿色化。如果说绿色发展（包括循环发展和低碳发展）是生态文明建设的基本途径，那么可以说生态化发展是生态文明建设的内在机制和基本内容与途径。这是因为生态文明建设的理论本质是以生态为本，即主要是以增强提高自然生态系统适应现代经济社会发展的生态供给能力（包括资源环境供给能力）为出发点和落脚点，既要构建优化自然生态系统，又要推进社会经济运行与发展的全面生态化，建立起具有生态合理性的绿色创新经济社会发展模式。所以"生态文明建设的实践指向，是谋求生态建设、经济建设、政治建设、文化建设与社会建设相互关联、相互促进，相得益彰、不可分割的统一整体文明建设，用生态理性绿化整个社会文明建设结构，实现物质文明建设、政治文明建设、精神文明建设、和谐社会建设的生态化发展。这是中国特色社会主义生态文明建设的真谛。"③

☞ 笔者借写"丛书"总序之机，代表中国绿色发展战略研究组课题组和"丛书"的作者们向党中央建议：两年后把"绿色化"或"生态化"

---

① 刘本炬：《论实践生态主义》，北京：中国社会科学出版社，2007 年版，第 136 页。
② 刘思华：《生态马克思主义经济学原理》（修订版），北京：人民出版社，2014 年版，第 540～542 页。
③ 刘思华：《生态马克思主义经济学原理》（修订版），北京：人民出版社，2014 年版，第 549 页。

写入党的十九大报告，使它成为中国特色社会主义道路从工业文明黑色发展道路向生态文明绿色发展道路全面转轨的一个象征，成为当今中国社会主义经济社会发展模式从工业文明黑色发展模式向生态文明绿色发展模式全面转型的一个标志，成为中国特色社会主义文明迈向社会主义生态文明与绿色经济发展新时代的一个时代标识。

四、关于迈向生态文明绿色发展的使命与任务问题

自 2008 年国际金融危机以来，绿色经济与绿色发展迅速兴起，是有着深刻的生态、经济和社会历史背景的。应当说，首先是发源于回应工业文明黑色发展道路与模式的负外部效应所积累的全球范围"黑色危机"越来越严重，已经走到历史的巅峰。"物极必反"，工业文明黑色发展道路与模式的历史命运也逃避不了这个历史的辩证法。它在其黑色发展过程中自我否定因素不断生成，形成向绿色经济与绿色发展转型的因素日渐清晰彰显，使我们看到了绿色经济与绿色发展的时代晨光，人类正在迎来生态文明绿色发展的绿色黎明。这是人类实现生态经济社会全面和谐协调可持续发展的历史起点。

1. 我们必须深刻认识和正确把握生态文明的绿色发展道路与模式的时代特征

迈向生态文明绿色经济发展新时代的时代特色应是反正两层含义：一是当今世界仍然处于黑色文明达到了全面异化的巨大危机之中，使当今人类面临着前所未有的工业文明黑色危机的巨大挑战；二是巨大危机是巨大变革的历史起点，开启了绿色文明绿色发展的新格局、新征途，使人类面临着前所未有的绿色发展历史机遇，并给予全面生态变革与绿色转型的强大动力。因此，当今人类正处于工业文明黑色发展衰落向生态文明绿色发展兴起的更替时期。这是危机创新时代，黑色发展危机逼进绿色创新发展，绿色创新发展走出黑色发展危机。毫无疑问，当今世界和当代中国的一个生态文明绿色创新发展时代正在到来。对此，我们必须从工业文明黑色发展危机来认识与把握生态文明绿色发展道路与模式的历史必然性和现实必要性与可能性。

（1）历史和现实已经表明，自 18 世纪资本主义工业革命以来，在工业文明（包括其最高阶段的后工业文明）时代资本主义文明及工业文明成功地按照自身发展的工业文明发展模式塑造全世界，将世界各国都引入工业文明黑色经济与黑色发展道路与模式，形成了全球黑色经济与黑色发展体系。当今中外多学科学者在对工业文

明黑色发展的反思与批判中，有一个共识：黑色文明发展一方面使物质世界日益发展，物质财富不断增加；另一方面使精神世界正在坍塌，自然世界濒临崩溃，人的世界正在衰败。它不仅是自然异化，而且是人的物化、异化和社会的物化、异化。当今世界的南北两极分化加剧，以美国为首的国际垄断资本主义势力为掠夺自然资源不断发动地区战争，没有硝烟的经济战和经济意识形态战频发，恐怖主义嚣张，物质主义、拜金主义、消费主义盛行，道德堕落和精神与理智崩溃，无论是发达国家还是发展中国家内部的贫富悬殊、两极分化正在加剧，各种社会不公正与不平等的社会生态关系恶化加深，已成为当今世界的社会生态黑色发展现实。因此，当今工业文明黑色发展的黑色效应已经全面地、极大地显露出来了，使工业文明黑色发展成为当今世界以及大多数国家和民族发展的现状特征。正是在这个意义上，我们完全可以说，当今人类已经陷入工业文明发展全面异化危机及黑色深渊，使今日之工业文明黑色发展达到了可以自我毁灭的地步，同时也包含着克服、超越工业文明黑色发展险境的绿色发展机遇和种种因素条件，也就预示着黑色发展道路与模式的生态变革与绿色转型是历史的必然。这就是说，如果人类不想自我毁灭的话，就必须自觉地走超越工业文明的生态文明绿色发展的新道路，及构建绿色发展的新模式。这是历史发展的必然道路，是化解当今工业文明黑色发展危机的人类自觉的选择，也是唯一正确的选择。

（2）深刻认识和真正承认开创生态文明绿色发展道路与模式的现实必要性和紧迫性。这首先在于当今世界系统运行是依靠"环境透支""生态赤字"来维持，使自然生态系统的生态赤字仍在扩大，将世界各国都绑在工业文明黑色发展之舟上航行。工业文明发展的一切辉煌成就的取得，都是以自然、人、社会的巨大损害为代价，尤其是以毁灭自然生态环境为代价的，这是西方各学科的进步学者的共识，也是中国有社会良知的学者的共识。在 1961 年人类一年只消耗大约 2/3 的地球年度可再生资源，世界大多数国家还有生态盈余。大约从 1970 年起，人类经济社会活动对自然生态的需求就逐步接近自然生态供给能力的极限值，自 1980 年首次突破极限形成"过冲"以来，人类生活中的大自然的生态赤字不断扩大，到 2012 年已经需要 1.5 个地球才能满足人类正常的生存与发展需要。因此，《增长的极限》一书的第 2 版即 1992 年版译者序就明确指出："人类在许多方面已经超出了地球的承载能力之外，已经超越了极限，世界经济的发展已经处于不可持续的状况。"足见工业文明黑色发展确实是一种征服自然、掠夺自然、不惜以牺牲自然生态来换取经济发展的黑色发展道路，使"今天世界上的每一个自然系统都在走向衰落"。[1]进入21世纪的15年间，生态赤字继续扩大、自然生态危机及黑色发展危机日益加深。对此，《自然》杂志发文说："地球生态系统将很快进入不可逆转的崩溃状态。"[2]联合国环境规划署2012年6月6日在北京发布全球环境展望报告中指出，当今世界仍沿着一条不可持续之路加速前行，用中国学者的话说，就是人类仍在继续沿着工业文明黑色发展道路加速前行。因此，从全球范围来看，"目前还没有一个国家真正迈入了'绿色国家的门槛'"[3]，这是不可否认的客观事实。据报道，今年春季欧洲大面积雾霾污染重返欧洲蓝天，使巴黎咳嗽、伦敦窒息、布鲁塞尔得眼疾……这是今春西欧地区空气污染现状大致勾勒出的一幅形象的画面。这就意味着这些欧洲各城市又重新回到大气危机的黑色轨道上来了，因此，人们发出了西欧"霾害根除"还只是个传说之声。这的确是事实，欧洲遭遇空气污染已经不是新鲜事。2011年9月7日英国《卫报》网站曾报道，欧洲空气质量研究报告称空气污染导致欧洲每年有50万人提前死亡，全欧用于处理空气污染的费用高达每年7900亿欧元。2014年11月19日西班牙《阿贝赛报》报道，欧洲环境署公布的空气质量年度报告显示空气污染问题造成欧洲每年大约45万人过早死亡，其中约有43万人的死因是生活在充满PM$_{2.5}$的环境中。2014年4月初，英国环境部门监测到伦敦空气污染达10级，是1952年以来最严重的污染，引发全国逾162万人哮喘病发[4]。近年来欧洲大面积雾霾污染事件，击碎了英国、法国、比利时等发达国家是"深绿发展水平国家"的神话。

（3）一个国家和民族或地区经济社会运行，从生态盈余走向生态赤字并不断扩大的发展道路，就是工业文明的黑色发展道路，其自然生态环境必然是不断恶化的，没有绿色发展可言。与此相反，从生态赤字逐步减少走向生态盈余的发展道路，就是迈向生态文明的绿色发展道路，其自然生态环境不断朝着和谐协调绿色发展的方向前行。因此，逐步实现生态赤字到生态盈余的根本转变，构成判断是不是绿色发展及一个国家和民族及地区是不是"绿色国家"的一个基础根据与根本标准。据此，抛弃工业文明黑色发展模式，坚定不移走绿色发展道路，其根本的、最终的目标与

---

① 保罗·霍肯：《商业生态学》（中译本），上海：上海译文出版社，2001年版，第26页。
② 详见2012年7月28日《参考消息》，第7版。
③ 杨多贵、高飞鹏：《绿色发展道路的理论解析》，载《科学管理研究》第24卷第5期，第20～23页。
④ 戴军：《英国："霾害根除"还只是个传说》，2015年3月22日《光明日报》。

首要任务就是尽快扭转自然生态环境恶化趋势，实现生态赤字到生态盈余的根本转变，达到生态资本存量保持非减性并有所增殖，这是人类生态生存之基、绿色发展之源。

2. 开创绿色经济发展新时代的绿色使命与历史任务

当今人类发展已经奏响绿色经济与绿色发展的新乐章。发展绿色经济、推进绿色发展是开创绿色经济发展新时代的绿色使命与历史任务，必将成为人类文明演进与经济社会发展的时代潮流。从全球范围来看，迄今为止，世界上还没有一个国家或地区真正是生态文明的绿色国家或绿色地区，中国也不例外。但是当今世界主要发达国家和发展中国家，已经奏响经济社会发展绿色低碳转型的主旋律，开始朝着建设绿色国家或地区，推进绿色发展的方向前行。在此我们要指出的是，发展绿色经济、推进绿色发展是世界各国的共同目标和绿色使命。2010 年美国学者范·琼斯出版的《绿领经济》一书谈到美国兴起的绿色浪潮时说："不管是蓝色旗帜下的民主党人还是红色旗帜下的共和党人，一夜之间都摇起了绿色的旗帜。"[①]奥巴马政府实行绿色新政，主打绿色大牌，实施绿色经济发展战略，其战略目标是要促进经济社会发展的绿色低碳转型，再造以美国为中心的国际政治经济秩序。以北欧为代表的部分国家如瑞典、丹麦等在实施绿色能源计划方面走在世界前列。日本推进以向低碳经济转型为核心的绿色发展战略总体规划，力图把日本打造成全球第一个绿色低碳国家。韩国制定和实施低碳绿色增进的经济振兴国家战略，使韩国跻身全球"绿色大国"之列。尤其是在绿色新政席卷全球时，不仅美国而且英、德、法等主要发达国家，都企图引领世界绿色潮流。这些事实充分表明发展绿色经济、推进绿色低碳转型、实现绿色发展，是世界发展的新未来、新道路，已成为 21 世纪人类文明进步和经济社会发展的主旋律即绿色发展主旋律，标志着当今人类发展已经开启了迈向绿色经济发展新时代的新航程。

然而，历史发展不是一条直线，而是螺旋式上升的曲线。当今人类历史仍处在资本主义文明及工业文明占主导地位的时代，主要资本主义国家仍有很强的调整生产关系、分配关系和社会关系的能力和活力。因此，主要资本主义国家尤其是西方发达资本主义国家，在工业文明基本框架内对生态环境与绿色经济的认识，制定和实行生态环境保护、治理与生态建设政策、措施和行动，并发展绿色经济，来调节、

---

① 范·琼斯：《绿领经济》（胡晓姣、罗俏鹃、贾西贝译），北京：中信出版社，2010 年版，第 55 页。

缓解资本主义生态经济社会矛盾，力图走出工业文明发展全面异化危机即黑色发展困境。但是，正如一些学者所指出的，"事实的真相"则是到目前为止，西方发达资本主义国家所实施的绿色经济发展战略和自然生态环境治理与修复的思路与方案，主要是在工业文明基本框架内进行①，仍然没有根本触动工业文明也无法超越现存资本主义文明的黑色经济社会体系。这主要表现在两个方面：一是西方发达资本主义国家对内实行绿色资本主义的发展路线。目前西方发达国家主要是在不根本触动资本主义文明及工业文明黑色经济体系与发展模式的前提下，通过单纯的技术路线来治理、修复、改善自然生态环境，寻求自然生态环境和资本主义协调发展，缓解人与自然的尖锐矛盾，并在对高度现代化的工业文明重新塑造的基础上走有限的"生态化或绿色化转型发展道路"，即绿色发展道路，实践已经论证，这是不可能走出工业文明黑色危机的。今春欧洲大面积雾霾污染重返欧洲蓝天就是有力佐证。二是目前西方发达资本主义国家对外实行生态帝国主义政策，主要有 3 种形式：资源掠夺、污染输出和生态战争，使发达资本主义大多数踏上了生态帝国主义黑色之路，使西方发达国家的黑色发展道路与模式所付出的高昂生态环境成本即发生巨大黑色成本由发展中国家为他们"买单"。因此，我们从现实中可以看到，绿色资本主义和生态帝国主义的路线与实践不仅可以成功地改善资本主义国家国内的自然生态环境，缓解甚至能够度过"生存危机"，而且可以"在承担着创造后工业文明时代资本主义的'绿色经济增长'和'绿色政治合法性'新机遇的使命。"②

当今人类虽然正在迎来生态文明即绿色文明的黎明，但人类文明发展却是在迂回曲折中前进的。自 2008 年国际金融危机之后，先是美国实行"再工业化战略"，推进"制造业回归"。随后欧洲发达国家纷纷宣称要"再工业化"，不仅把包括绿色能源战略在内的绿色经济发展战略纳入经济复苏的轨道，而且还针对经济虚拟化、产业空心化，试图通过实施"再工业化战略"和"回归实体经济"，重塑日益衰落的工业文明生态缺位的黑色经济，重新走上工业文明增长的经济发展道路。这是向高度现代化的工业文明发展的回归，阻碍着人类文明发展迈向生态文明绿色经济发展新时代。

按照生态马克思主义经济学哲学观点，在资本主义文明及工业文明框架的范围

① 张孝德：《生态文明模式：中国的使命与抉择》，载《人民论坛》2010 年第 1 期，第 24~27 页。
② 郇庆治：《"包容互鉴"：全球视野下的"社会主义生态文明"》，载《当代世界与社会主义》2013 年第 2 期，第 14~22 页。

内，是不可能从根本上走出工业文明发展全面异化危机即黑色危机的深渊。对此，连西方学者也认为：在资本主义文明及工业文明的"基本框架内对经济运行方式、政治体制、技术发展和价值观念所作的任何修补和完善，都只能暂时缓解人类的生存压力，而不可能从根本上解决困扰工业文明的生态危机。"①这就是说，绿色资本主义和生态帝国主义的推行会使全球自然生态、社会生态和人类生态的黑色危机越来越严重。这与20世纪90年代以来世界各国在工业文明框架内实施可持续发展一样，其结果是"20多年来的可持续发展，并没有有效遏制全球范围的环境与生态危机，危机反而越来越严重，越来越危及人类安全。"②因此，世界人民有理由把更多的目光集聚到社会主义中国，将开创工业文明黑色发展道路与模式转向生态文明绿色发展道路与模式，这一人类共同的绿色使命与历史任务寄托于中国建设社会主义生态文明。2011年在美国召开的生态文明国际论坛上有位美国学者说道："所有迹象表明，美国政府依然将在错误的道路上越走越远。""所有目光都聚到了中国。放眼全球，只有中国不仅可以，而且愿意在打破旧的发展模式、建立新的发展模式上有所作为。中国政府将生态文明纳入其发展指导原则中，这是实现生态经济所必需的，并使得其实现变为可能，是一个高瞻远瞩的规划。"③

3．中国在当今世界已经率先拉开超越工业文明的社会主义生态文明绿色经济发展新时代的序幕，引领全人类朝着生态文明绿色经济形态与绿色发展模式的方向发展

我国改革开放以来，始终坚持保护环境和节约资源的基本国策，实施可持续发展战略，一些省市和地区实行"生态立省（市）、环境优先、发展与环境、生态与经济双赢"的战略方针。从发展生态农业、生态工业到建设生态省、生态城市、生态乡村；从坚持走生产发展、生活富裕、生态良好的文明发展道路，建设资源节约型、环境友好型经济社会，到发展绿色经济、循环经济、低碳经济；从大力推进生态文明建设到着力推进绿色发展、循环发展、低碳发展等，都取得了明显进展和积极成效。特别是党的十八大确立了社会主义生态文明科学理论，提出和规定了建设

---

① 转引自杨通进：《现代文明的生态转向》，重庆：重庆出版社，2007年版，总序第4页。
② 胡鞍钢：《中国：创新绿色发展》，北京：中国人民大学出版社，2012年版，第9页。
③ 《第五届生态文明国际论坛会议论文集（中英文）》，April 28-29，2011，Claremont，CA，USA，Fifth International Forum on Ecological Civilization：toward an Ecological Economics。

中国特色社会主义的两个"五位一体"①：建设中国特色社会主义"五位一体"总体目标,使中国特色社会主义道路的基本内涵更加丰富;建设中国特色社会主义"五位一体"总体布局,使中国特色社会主义的基本纲领更加完善。这不仅是奏响我们党"领导人民建设社会主义生态文明"（新党章语）的新乐章,而且标志着全国人民踏上社会主义生态文明绿色发展道路的新征途。因此,党的十八大明确提出"努力建设美丽中国"是社会主义生态文明建设的战略目标,即建设美丽中国首先是建设绿色中国,其中心环节就是走出一条生态文明绿色经济发展道路,构建绿色经济形态与发展模式。据此而言,党的十八大向全党全国人民发出的"努力走向社会主义生态文明新时代"的伟大号召,意味着中国特色社会主义文明发展要努力迈向生态文明绿色经济与绿色发展新时代。为此,《中共中央　国务院关于加快推进生态文明建设的意见》中又提出把经济社会绿色化作为生态文明建设与绿色发展的核心内容与基本途径,从而在当今世界率先开拓了从工业文明黑色发展道路与模式转向生态文明绿色发展道路与模式,使当下中国朝着生态文明绿色经济形态与发展模式的方向发展,努力成为成功走出工业文明的新型工业化道路、真正进入生态文明的绿色化发展道路的榜样国家。

当然,当今中国的客观现实还是一个加速实现工业化的发展中国家,刚走过发达国家100多年所走过的工业文明发展历程,成为以工业文明为主导形态的工业大国。在这几十年间,中国工业化、现代化道路的探索,尽管在一定程度上符合中国国情和实际情况,但仍然走的是工业文明黑色发展与黑色崛起道路,它在本质上是沿袭了西方发达资本主义文明所走过的高碳高熵高代价的工业文明——"先污染后治理、边污染边治理"的黑色发展道路。因此,我们"不得不承认,我们原先走在黑色发展和崛起的征途上,所以尽管我们即使按西方工业文明的标准未达到发展与崛起的程度,但是黑色发展和崛起的一切代价和后果我们都已尝到了。"②历史经验教训值得重视,党的十八大之前的20多年里,我们在没有根本触动刚刚形成的工业文明经济社会形态前提下,换言之,在工业文明基本框架内实施可持续发展战略、生态环境治理与修复,建设生态省市,走文明发展道路以及发展绿色经济等,是不可能有效遏制、克服工业文明黑色发展道路与模式的黑色效应,工业文明发展异化

---

① 刘思华:《生态马克思主义经济学原理》（修订版）,北京:人民出版社,2014年版,第561～566页。
② 陈学明:《生态文明论》,重庆:重庆出版社,2008年版,第22页。

危机即黑色危机反而日益严重。它突出体现在 3 个方面[①]：一是当下中国自然生态恶化状况从总体上看，范围在扩大、程度在加深、危害在加重；二是城乡地区差距不断扩大、分配不公与物质财富占有的贫富悬殊已成常态；三是平民百姓生活质量相对变差等社会生态恶化，公众健康相对变差的国民人体生态恶化等，使得生态经济社会矛盾不断积累与日益突出甚至不同程度的激化，已成为建设美丽中国、全面建成小康社会的重大"瓶颈"，是实现绿色中国梦的最大桎梏。因此，我们必须正视当下中国"自然、人、社会"复合生态系统的客观现实，深刻认识与正确把握当今中国从工业文明黑色发展道路向生态文明绿色发展道路的全面转轨，从工业文明黑色发展模式向生态文明绿色发展模式的全面转型的必要性、迫切性、重要性与艰巨性。事实上，近年来，我国学术界有人为了所谓填补研究空白、标新立异，制造一些伪绿色发展论，不仅把西方主要发达国家说成是"深绿色发展国家"，掩盖当今资本主义国家工业文明发展全面恶化危机即黑色危机的客观现实；而且把处于"十面霾伏"的雾霾污染重灾区的京津冀、长三角、珠三角的一些城市界定为"高绿色城镇化"，这完全不符合客观事实的假命题，否定不了当下中国及城市自然生态危机仍在加深的严峻事实，动摇不了我国以壮士断腕的决心和信心，打好大气、水体、土壤污染的攻坚战和持久战。

所谓攻坚战和持久战，就在于当前国内外事实表明，大气、水体、土壤污染治理与修复已成为世界性的难题。而当今中国大气、水体、土壤污染日益严重，应当说是长期中国工业化、城市化黑色发展积累的必然恶果，是中国工业文明黑色发展道路与模式对自然生态损害的直观展示，是对中国过去 GDP 至上主义发展的严厉惩罚及严重警示。改革开放 30 多年，中国经济发展规模迅速扩大，快速成长为工业文明经济大国，这是世所罕见的。然而，它所付出的自然生态环境代价也是世所罕见的。当今世界上很少有国家像中国这样，以如此之高的激情加速折旧自己的生态环境未来，已经是世界头号污染排放大国，正如国内外学者所指出的，中国已经成为世界上最大的"黑猫"，"全球最大的生态'负债国'"[②]。目前中国生态足迹是生物承载力的两倍，生态系统整体生态服务功能不断退化，生态赤字还在扩大。中

---

① 刘思华：《论新型工业化、城镇化道路的生态化转型发展》，载《毛泽东邓小平理论研究》2013 年第 7 期，第 8～13 页。

② 卢映西：《出口导向型发展战略已不可持续——全球经济危机背景下的理论反思》，载《海派经济学》2009 年第 26 辑，第 81 页。

国生态系统的生态负荷已达到临界状态，一些资源与环境容量已达支撑极限，经济社会发展是依靠"环境透支"与"生态赤字"来维持。因而，生态赤字不断扩大，生态（包括资源环境）承载力日益下降，在大中城市尤其是大城市十分突出，如上海市人均生态足迹是人均生态承载力的 46 倍，广州市为 31 倍，北京市为 26 倍。在存在生态赤字的国家中，日本是 8 倍，其他国家均在 2～3 倍，中国大城市特大城市普遍存在巨大的生态赤字，都面临比其他国家更为严峻的自然生态危机[①]。由此要进一步指出，目前全国 600 多个大中城市，特别是大城市，其高速发展不仅正在遭遇各种环境污染，如水、土、气三大污染之困，而且正在遭遇"垃圾围城"之痛，有 2/3 的城市陷入垃圾的包围之中，有 1/4 的城市已没有适合场所堆放垃圾，从而加剧了城市生态系统的黑色危机。近日有学者发文认为，"中国城镇化离绿色发展要求的内涵、绿色发展的模式相去甚远"，"中国的绿色发展目标尚未实现"[②]。这就是说，迄今为止，我国还没有一个大中城市真正走入按照社会主义生态文明的本质属性与实践指向所要求的生态文明绿色城市的门槛，这是不容争辩的客观事实。

综上所述，无论当今世界还是今日中国，生态足迹不断增加，生态赤字日益扩大，这是自然生态危机的核心问题与根本表现。而当下中国各类环境污染呈现高发态势，已成民生之患、民心之痛、发展之殇；生态赤字与生态资本短缺仍在加重，使我国进入生态"还债"高发期，良好的自然生态环境已经成为最为短缺的生活要素、生产要素及生存发展要素。这就决定了生态环境问题是严重制约中国生态经济社会有机整体、全面和谐协调可持续发展的最短板，是建设美丽中国、实现绿色中国梦的最大阻碍，是中国绿色发展与绿色崛起面临的最大挑战与绿色压力。因此，我们要直面这一严峻现实，必须也应当摆脱与摒弃过去所走过的工业文明高碳高熵高代价的黑色发展道路，与工业文明黑色发展模式彻底决裂，积极探索生态文明低碳低熵低代价的绿色发展道路及发展模式，使中国特色社会主义文明发展尽早实现从工业文明黑色发展道路与模式向生态文明绿色发展道路与模式的根本转变，成功地建成生态文明绿色强国。

[①] 齐明珠、李月：《北京市城市发展与生态赤字的国内外比较研究》，载《北京社会科学》2013 年第 3 期，第 128～134 页。

[②] 庄贵阳、谢海生：《破解资源环境约束的城镇化转型路径研究》，载《中国地质大学学报（社科版）》2015 年第 2 期，第 1～10 页。

五、关于"绿色经济与绿色发展丛书"的几点说明

"绿色经济与绿色发展丛书"是目前世界和中国规模最大的绿色社会科学研究与出版工程，覆盖数十个社会科学学科和自然科学学科，是现代经济理论与发展思想学科群绿色化的开篇，故不得不说明几点：

（1）"丛书"站在中国特色社会主义文明从工业文明走向生态文明的文明形态创新、经济社会形态创新、经济发展模式及发展方式创新的新高度，不仅探讨了中国社会主义经济的发展道路、发展战略、发展模式和发展体制机制等生态变革与绿色创新转型即生态化、绿色化发展，而且提出了从国民经济各部门、各行业到经济社会发展各领域等方面，都要朝着生态化、绿色化方向发展。为建设社会主义生态文明和美丽中国，实现把我国建成绿色经济富国、绿色发展强国的绿色中国梦，提供新的科学依据、理论基础和实践框架及路径。

（2）"丛书"力争出版 45 部，涉及学科很多、内容广泛，理论与实践问题研究较多，大致可以归纳为 4 个方面：一是深化生态文明和绿色经济与绿色发展的马克思主义基础理论研究；二是若干重大宏观绿色化问题研究；三是主要领域、重要产业与行业发展绿色化问题研究；四是微观绿色化问题研究。因此，整部"丛书"是以建设生态文明为价值取向，以发展绿色经济为主题，以推进绿色发展为主线，比较全面、系统地探讨生态经济社会及各领域、国民经济各部门、各行业与其微观基础的绿色经济与绿色发展理论和实践问题；向世界发出"中国声音"，展示中国的绿色经济发展理论与实践的双重探索与双重创新。

（3）"丛书"是新兴、交叉学科群绿色化多卷本著作，必然涉及整个经济理论与发展学说和马克思主义的基本原理与重要的基本理论问题，并涉及众多的非常重要的现实的前沿话题，难度很大，有些认识还只能是理论的假设与推理，而作者和主编的多学科知识和理论水平又很有限，因而"丛书"作为学科群绿色化的开篇，很难说是一个十分让人满意的开头，只能是给读者和研究者提供一个学术平台继续深入探讨，共同迎接绿色经济理论与绿色发展学说的繁荣与发展。

（4）"丛书"把西方世界最早研究生态文明的专家——美国的罗伊·莫里森所著的《生态民主》译成中文出版。《生态民主》一书于 1995 年出版英文版，至今已有 20 年了，中国学界和出版界却无人做这项引进工作，出版中译本。近几年来，在我国研究生态文明的热潮中，很多论文和著作都提到《生态民主》一书，尤其我

国权威媒体记者多次采访莫里森，使这本书在中国有较大影响。然而，众多研究者介绍本书时都没有具体内容，既没有看英文版原版，又无中译本可读，只是相互转抄、添油加醋，就产生了一些学术误传，不利于正确认识世界生态文明思想发展史，更不能正确认识中国马克思主义生态文明理论发展史。因此，笔者下决心请刘仁胜博士译成中文，由中国环境出版社出版，与中国学者见面。在此，我要强调指出的是莫里森先生所写中译本序言和该书一些基本观点，并不代表我作为"丛书"主编的观点，我们出版中译本是表明学术思想的开放性、包容性，为中国学者深入研究生态文明提供思想资料与学术空间，推动社会主义生态文明理论与实践研究不断创新发展。

（5）"丛书"的作者们在梳理前人和他人一些与本领域有关的思想材料、引用观点时，都尽可能将原文在脚注和参考文献中一一列出，也有可能被遗漏，在此深表歉意，请原著者见谅。在此，我们还要指出的是，"丛书"是"十二五"国家重点图书出版规划项目，多数书稿经历了四五年时间才完稿，有的书稿所引用的观点和材料是符合当时实际的。党的十八大后，党和政府对市场经济发展进程中出现的某些经济社会问题，认真地进行治理并有所好转，但在出版时对书稿中过去的材料未作改动，把它作为历史记录保留在书中，特此说明。总之，"丛书"值得商榷之处一定不少，缺点甚至错误在所难免，故热切盼望得到专家指教和广大读者指正。

刘思华

2015 年 7 月

目　录

Contents

第 1 章

绪 论

"我们既要绿水青山，也要金山银山。宁要绿水青山，不要金山银山，而且绿水青山就是金山银山"，这是习近平总书记 2013 年 9 月 7 日在哈萨克斯坦纳扎尔巴耶夫大学发表演讲时回答学生们提问说的一句经典回答。这句经典回答代表了我党自十八大以来，重视生态文明发展，把"建设生态文明当成是关系人民福祉、关乎民族未来的大计，是实现中国梦的重要内容"。事实上，文明是人类社会文化发展的成果，是人类改造世界的物质和精神成果的总和，是人类社会进步的象征。按照唐代孔颖达注疏《尚书》对"文明"一词的解释："经天纬地曰文，照临四方曰明。""经天纬地"意为改造自然，属物质文明；"照临四方"意为驱走愚昧，属精神文明。在漫漫的人类历史长河中，人类的文明大体分为 4 个历史发展阶段，即原始文明、农业文明、工业文明和生态文明。对于前 3 个阶段，历史学者已经基本认同，对于"生态文明"能否与之相提并论，学者尚有不同说法和商榷之音。但现实中，由于传统企业以工业文明理论作为遵循的理念，以单纯的经济增长为中心，把资源的供给和环境的污染看成是无限的，对资源的开发和废弃物的排放不受任何约束，看上去给人类社会发展创造了丰富的物质文明，同时也带来了严重的环境问题，这就是工业文明的"致命伤"。作为创造物质财富的主体——企业在经济全球化背景下，是仍然延续"以企业经济效益为中心"的工业文明思想，还是坚持"以生态效益为中心"的生态文明的现代经营思维，是每个企业都应该做出选择的时候了，这不仅关系企业未来的生存和发展问题，更关乎我们的时代是走黑色发展的工业文明时代的老路，还是走绿色文明时代的新路问题。回到习总书记的"金山银山"和"绿水青山"，已经非常透彻地阐明了这个问题的实质，看上去"金山银山"金光灿灿，但"金山银山"背后印着黑色文明的发展烙印；"绿水青山"碧绿青葱，生机盎然，尽管看上去没有金山银山那样"晃眼"，但事实上它是更高价值的"金山银山"，是印着绿色生态文明发展烙印的真正的金山银山，是可以慰藉子孙后代的金山银山。所以，作为物质财富的创造者——企业，应该成为落实生态文明的先锋队，成为推动绿色发展的排头兵，成为企业生态责任的执行者，成为阻碍环境破坏的防火墙。

1.1 生态缺失是工业文明传统企业发展的根本缺陷

1.1.1 工业文明时代的工业化发展走进黑色发展的困境

传统企业发展是以经济增长为中心，把经济产量作为工业化的基本目的。工业化，都是实行这种发展战略。经济社会的发展，无非就是按照资本主义工业化或社会主义工业化的模式，逐步走过经济增长的各个阶段，所以，传统企业发展在本质上是经济增长。这个问题，西方经济学讲得很清楚。著名的应用经济学家刘易斯在《经济增长理论》一书中指出，经济增长问题就是如何提高按人口平均的产值问题。著名的美国经济学家罗斯托的《经济增长阶段》一书，是按照经济增长水平和物质消费水平来划分经济增长阶段的，从而把发展问题实际上归结为单纯的经济增长问题。所以，传统企业经济发展实质上是以西方发达国家的工业化模式为蓝本的。

世界工业化发展的历史表明，无论是资本主义工业化，还是社会主义工业化，在实行传统企业经济发展战略过程中，建立起单纯经济增长的模式，其思想根源都在于传统发展观。传统发展观的增长理论是把资源的供给和环境的污染看成是无限的，对自然资源的开发和对废弃物的排放均可不受任何约束；而把人当成自然的主宰，把自然当成异己的力量和被征服的对象。当今，现代经济和生态环境面临的困境正是这种传统企业发展和传统发展观的产物。众所周知，资本主义工业化的实现，给人类社会创造了丰富的物质文明，经济持续增长带来了社会繁荣和人们福利的增加。但是，以传统企业经济发展为基础的工业化，却给人类社会造成了恶性发展的黑色后果。在世界工业化的进程中，先是资本主义工业化，后是社会主义工业化，二者基本上都是把发展经济建立在贪婪地索取自然资源，大量地消耗能源的基础之上的，并以索取的多少和生产的数量来衡量工业化成就的大小。这样，为了实现工业化，维持经济的最大增长，把自然界当成取之不尽的"供奉者"，掠夺性开发甚至任意挥霍浪费自然资源，使自然资源衰竭与短缺；与此同时，又把大自然当成"垃圾桶"，把大量废弃物毫无顾忌地倾倒于自然环境之中，使生态环境污染与破坏。这两个黑色恶果，也就是工业污染引起的工业黑化，工业黑化与企业黑化是相伴而行的。这是世界从"环境危机"发展到"生态危机"的深刻根源。因而，不惜代价的经济增长遇到了资源枯竭、环境污染、生态破坏所造成的黑色绝境。从而破坏了人们生存与发展的永恒条件，也就破坏了企业存在与发展的必要条件，制约了经济社会的发展。这就是企业传统经济发展，使传统工业化走进不可持续发展的死胡同，也使实现工业化进程中的企业走向了恶性发展的黑色困境。

1.1.2　生态环境恶化——人类社会总体福利下降

由于人类生活方式的改变，追求所谓现代化的生活，对自然的加速索取及废弃物不经处理的排放越来越多。在 17—18 世纪的北欧，由于工业化和城市化的快速发展而造成的局部性污染和健康问题已经非常明显，直到 19 世纪大多数欧洲城市的卫生状况也不尽如人意。环境问题引起人类的关注是近几十年的事情，尤其在人类进入工业化社会后更为明显。造成环境问题的"罪魁祸首"是"三废"的排放，这其中所谓"废气"即温室气体［主要包括二氧化碳（CO_2）、二氧化硫（SO_2）、甲烷（CH_4）、硫化氢（H_2S）等］的排放是造成今天全球变暖的"主犯"，对环境影响最大。企业是排放温室气体的主要"元凶"（尽管存在生活中焚烧秸秆以及农村用柴草做燃料等）。按照传统经济理论的理解：在市场这只"看不见的手"的指引下，企业是构成市场的最基本的微观主体，企业在生产过程中为社会创造了巨大的物质财富，给社会发展提供了必不可少的物质基础，追求利润最大化是企业存在于社会的最大价值，也是企业的根本责任。但是，这种对企业责任的理解在今天看来却有失偏颇。因为，单纯地凭借财富的积累不能保证普遍的社会福利和社会公正。人类社会的健康发展需要物质和精神等全面协调发展，福利经济学的代表人物庇古（A. C. Pigou）认为社会福利应包括经济福利和非经济福利两个方面，他说："人类既将'自己作为活着的目的',也将自己作为生产的工具。一方面,人被自然与艺术之美吸引,其品格单纯忠诚,性情得到控制,同情心获得开发,人类自身即成为世界伦理价值中的一个重要组成,其感受与思想的方式实际上构成了福利的一部分;另一方面,人们可以进行复杂的工业操作,搜求艰难的证据或者改进实际活动的某些方面,成为一种非常适合生产可以提供福利的事物的工具。人类为之做出直接贡献的前一种福利就是非经济福利,而为之做出间接贡献的后一种福利就是经济福利。我们不得不面对的事实是,从某种意义上说,社会可以自由地对这两种人做出选择,并且因此集中力量开发包含于第二种的经济福利,同时却在无意间牺牲了包含于第一种的非经济福利。"[①]这里讲的社会福利不仅包括传统经济理论中所谈到的由消费者剩余和生产者剩余所组成的可以运用货币加以量度的经济福利,还包括由人的意识形态、信仰和道德以及人类追求健康生活的权利等组成的无法用货币量度的非经济福利,代表着人类的某种满足感。也就是说,尽管企业为人类社会的发展创造了巨大的物质财富,但在这一过程的背后是对自然资源的大量消耗和对生态环境的破坏,"市场繁荣与财富剧增的表象下更是埋藏着人类福利的流失"[②],尤其进入工业社会以来的几十年时间,随着技术的高速发展,一些新材料、新产品的出现给资源和环境带来前所未有的巨大压力。森林缩小、土壤侵蚀、牧场退化、沙漠扩大、地下水位下降,以及由于气温升高导致的冰川融化、海平面上升和珊瑚礁死亡等一系列环境破坏的事实已经摆在人们面前,人类不得不认真思考这种单纯追求经济效益的发展模式的局限性。造成这些环境问题的根本原因就是企业生产的不可持续性。在传统经济理论的支持下,企业妄图通过所谓的大量财富的创造,解决社会发展的一些问题(如消除贫困等),在生产过程中大量消耗自然资源,同时将生产出来的大量的"三废"(废气、废水、废渣)等副产品不加处理直接排放到大自然(江河、海洋和大气)中,把大自然既当作"水龙头"又当作"污水池",当这种工业"废物"的排放超过自然生态系统的分解能力的时候,也就是超过生态阈值(环境承载力临界值)的时候,环境问题的爆发也就成了必然的结果。对于企业在生产过程中所造成的环境问题,传统经济理论只用"外在(部)经济"

---

① [英]庇古(A. C. Pigou):《福利经济学》(金镝译),华夏出版社,2007年版,第10~11页。

② 魏彦杰:《基于生态经济价值的可持续经济发展》,北京:经济科学出版社,2008年版,第4页。

（external economics）[①]和"市场失灵"（market failure）[②]进行解释是远远不够的。这实际上是人类社会对经济发展的环境支持系统的重新认识，幻想着通过科技进步等生产方式的变革增加社会财富从而解决人类社会发展过程中的一系列社会性问题（如消除贫困等）是不可能也是不现实的，因为环境问题绝不仅仅是纯粹的技术问题，"如果经济的环境支持系统在崩溃，贫困的消除则没有实现的可能"[③]，并且"杰文斯悖论"已经告诉我们，"某种特定资源的消耗和枯竭速度还会随着开发这种资源的技术改进而加快"，因为，技术的改进会使以这种资源为原材料的产品的价格大幅度下降，价格下降必然会刺激人们对这种产品的需求和使用，难怪早在 20世纪初，海德格尔就曾从技术批判的角度严肃地指出人类社会的发展潜藏着不断加剧的危险，指出技术对人类社会发展是一把"双刃剑"，按照这一思路，如果我们把企业仅仅当作创造财富的工具，那么企业的生产过程本身就是一把"双刃剑"，"如果环境支持系统崩溃了，经济是无法幸存的，技术再先进也将于事无补"[④]。所以，从制度层面的综合变革才是解决环境问题、遏制工业文明的生态危机的根本出路。

---

① 经济的外部性概念最早是由马歇尔于 1910 年提出的，而后庇古对此深入研究发现在商品生产过程中存在着社会成本与私人成本的不一致，两者之间的差距就构成了外部性。所谓外部是相对于市场体系而言的，是指在价格体系中未得到体现的那部分经济活动的副产品或副作用。这些副产品或副作用可能是有益的，称为正外部性，也称为外在经济（不经济）。详见约翰·伊特韦尔（John Eatwell）、默里·米尔盖特（Murray Milgate）、彼得·纽曼（Peter Newman）：《新帕尔格雷夫经济学大辞典（1987、1991）第二卷：E-J》，北京：经济科学出版社，1996 年版，第 280~282 页。

② 对于我们的实际用途来说，这些定理中第一项，即称为福利经济学第一基本定理，是至关重要的。该定理简述如下：第一，假如有足够的市场；第二，假如所有的消费者和生产者都按竞争规则行事；第三，假如存在均衡状态，那么，在这种均衡状态下的资源配置就达到帕累托最优状态 [阿罗（Arrow），1951年；德布勒（Debreu），1959 年]。当情况不符合此项定律的结论时，即市场在资源配置方面是低效率的时候，就出现了市场失灵。摘自约翰·伊特韦尔（John Eatwell）、默里·米尔盖特（Murray Milgate）、彼得·纽曼（Peter Newman）：《新帕尔格雷夫经济学大辞典第三卷：K-P》，北京：经济科学出版社，1996年版，第 351~353 页。

③ [美]莱斯特·R.布朗：《B 模式 2.0：拯救地球延续文明（2003）》（林自新、暴永宁等译），上海：东方出版社，2006 年版，序言第 3 页。

④ [美]莱斯特·R.布朗：《B 模式 2.0：拯救地球延续文明（2003）》（林自新、暴永宁等译），上海：东方出版社，2006 年版，第 2 页。

1.1.3 企业社会责任——推进企业绿色发展的阶梯

企业社会责任思想的提出可以追溯到美国芝加哥大学教授克拉克（J. Maurice Clark）于 1916 年在《政治经济学刊》上发表的《改变中的经济责任的基础》一文，他写道："迄今为止，大家并没有认识到社会责任中有很大一部分是企业的责任。"①之后直到 1953 年霍华德·R.鲍恩（Howad R.Bowen）的划时代的著作《商人的社会责任》，明确了企业社会责任定义，标志着现代企业社会责任（corporate of social responsibility）概念构建的开始②，人们对企业社会责任的研究和认识进入一个崭新的时代。由于有更多的学者及企业界人士关注这一话题，使 20 世纪 60 —70 年代出现了对企业社会责任研究如火如荼的场面。其间，学者等相关研究人员从不同侧面进行研究，形成了大量关注企业社会责任及环境问题的报告和著作。承认企业承担社会责任的思想冲击着人们对传统发展模式的认识，是人类认识社会的巨大进步，是真正实现人类社会可持续发展的关键，从而发展和丰富了企业责任理论。

作为一种公民性的存在，企业在追逐自身利益最大化的同时，必须有效处理好企业本身与其他经济主体的关系；与此同时，企业作为重要的经济主体，其理所当然应在履行社会责任的过程中担当重要的角色。从所包含的内容来看，盈利至上是首要的企业社会责任，是企业履行其他社会责任的首要前提；构建和谐劳资关系、保护职工健康，是企业另一重要的社会责任，企业要盈利，必须充分发挥企业家和工人在每个生产环节上的积极性，包括尊重企业家才能和工人劳动的积极参与，这些都为企业获取可观利润提供了保障条件；保护环境、节约资源是企业不得忽视的又一重要社会责任，企业在生产的过程中，不可避免地使用资源和影响环境，从而企业成了影响资源是否能可持续利用和环境是否能友好和谐的重要主体，这就使得以保护环境、节约资源为内涵的生态责任成了企业不得不履行的社会责任。总而言之，企业社会责任包括经济责任、关系责任和生态责任 3 个重要组成部分，3 个部

---

① J. Maurice Clark，"The Changing Basis of Economic Responsibility"，*Journal of Political Economy*，1916，Vol.24，No.3，p.229.

② Archie B. Carroll，，"Corporate Social Responsibility：Evolution of a Definitional Construct"，*Business and Society*，1999，38（3），p.269.

分彼此相互影响、相互制约，但经济责任是前提，关系责任是支撑，生态责任是保障。特别是随着人与自然关系的逐步变化，生态责任在企业社会责任中的地位日渐凸显，以至于成了企业能否持续获得合理利润水平的重要影响因素。

需要说明的是，强调企业生态责任并不是要全面否定企业的经济责任。在笔者看来，企业追求利润最大化，为后续经营积累必备的资金，是企业履行经济责任的首要前提。以至于在某种程度上可以认为，企业的经济责任是其他一切责任的基础，没有企业对经济责任的履行，企业就会失去存在的根本意义和价值。所以，从这个角度来看，企业生态责任与其他责任密不可分，甚至可以认为企业生态责任是企业经济责任的外在延伸。只有企业注重履行生态责任，企业才会享有履行生态责任的稳固基础和富有保障的外部支撑环境，并获得履行生态责任应该享有的效益。由此可见，从社会责任的整体范畴来看待经济责任、关系责任和生态责任，必须讲究整体观和辩证观，不能因为在资源逐步走向枯竭和环境日渐破坏的背景下，由于生态责任的凸显而弱化或者否定经济责任和关系责任。颇为遗憾的是，诸多观点缺少了历史唯物主义和辩证法，主观地批评企业追求利润最大化的行为。需要强调的是，追求经济利润最大化，是企业作为供给主体存在的首要目标，企业会在权衡处理好成本与收益的基本原则下，通过成本既定条件下的收益最大化或者收益既定条件下的成本最小化来实现利润的最大化。依据微观经济学的理论，企业之所以能够实现利润最大化，是因为企业通过让渡其所生产的产品的使用价值换取了消费者的货币选票，利己的前提首先需要利他，这是最为根本的市场逻辑。

1.2 环境问题凸显"倒逼"人类共同商讨

1992 年联合国环境与发展大会的胜利召开，标志着人类社会开始一起坐下来研究我们自己需要共同面对的问题。同年 11 月 18 日，包括 99 位诺贝尔奖获得者在内的全球 1 500 位著名科学家发表了《对人类的警告》一文。科学家认为，"人类与自然界之间正处于相互冲突之中"，至少在 8 个领域中存在着对全球环境的严重威胁：①大气问题，包括臭氧层空洞和酸雨；②全球变暖；③水资源，包括污染、地表水枯竭、沿海地带遭破坏和鱼类资源枯竭等；④固体和有害废物；⑤土壤侵蚀、贫化和盐化；⑥雨林遭破坏；⑦物种减少；⑧人口增长。这些"警告"陈述了一个最基本的事实，那就是我们生活的地球已经是一个生态非常脆弱的星球，"科技和工业的发展给我们带来的最重要的一件事就是让我们明白了社会和环境方面问题的责任之源"[1]，人类赋予物质财富的创造者——企业太多的权利，企业却没有承担相应的责任和义务，当人们已经找到问题的原因所在，企业社会责任便顺理成章成为人们关注的焦点。企业社会责任包括与企业生产直接相关的原材料及能源的获取、生产过程的污染排放、最终产品的提供以及与企业间接产生关系的对利益相关者的利益的关注。从经济层面、法律层面、道德层面以及企业自身等各个角度对企业行为进行更为全面的剖析，从根本上寻找解决环境问题的最佳方案。到 2002 年通过的《21 世纪议程》，似乎使环境问题的解决朝着越来越好的方向发展，但《京都议定书》签署的"失败"（尽管人们还在继续努力），已经说明问题并不像人们想象得那么简单。但不管怎样，在对待环境这个需要人类共同面对的问题上，人们已经不是袖手旁观或者无能为力。承认企业社会责任并强化这种意识，已经为问题的最终解决迈出了关键的一步。

2015 年 11 月，世界气候大会在法国首都巴黎召开，参会人员中包括 138 位国家领导人、195 个国家代表团和近 2 000 个 NGO 团体。之所以会有如此多的国家和团体的重视，足以看出环境问题、气候变化问题已经成为影响各个国家经济和社会发展的重要制约因素。会议期间，相关网络进行了关于"全球最大的威胁是什么？"和"环境和经济谁重要"等问题的网络调查，数据显示，关于"全球最大的威胁是什么？"的回答，在欧美、中东地区的民众认为是世界恐怖组织（ISIS），而亚非拉地区的民众则普遍认为是气候变化问题[2]。也就是说，在亚非拉地区，环境问题已经像 ISIS 一样危及人们的生活与生存。关于"环境和经济谁重要"的回答，近 60%以上的国家民众认为环境问题更重要，我国有近六成的人认为环境问题比经济发展更重要[3]。这个结果，一方面反映我国的环境问题也不容乐观，同时也看到我国的民众在思想意识中，已经相当重视环境问题了。在这次会议上，中国国家主席习近平代表中国政府和人们发表了《携手构建合作共赢、公平合理的气候变化治理机制》的重要讲话，指出：会议要加强《联合国气候变化框架公约》的实施，

---

[1] J. Maurice Clark，"The Changing Basis of Economic Responsibility"，*Journal of Political Economy*，1916，Vol.24，No3，p.215.转引自沈洪涛、沈艺峰：《公司社会责任思想起源于演变》，上海：上海人民出版社，2007 年版，第 48～49 页。

[2] 数据来源：Pew Reseatch Center。

[3] 数据来源：World.Value Survey。

达成一个全面、均衡、有力度、有约束力的气候变化协议，强调应对气候变化是人类共同的事业，我国一直是全球气候变化事业的积极参与者，目前已经成为世界节能减排和利用新能源、可再生能源的第一大国，并且正在落实创新、协调、绿色、开放、共享五大发展理念，形成人与自然和谐发展的现代化建设新局面。

事实上，世界各地环境问题的严重程度已经在很大限度上引起了各方的关注，并且已经开始采取积极的行动，这使得问题的解决朝着好的方向发展，也"倒逼"人类开始一起坐下来共同商讨解决环境问题的办法，但解决问题需要从根本上进行，尽管造成环境问题的原因很多，但归根结底，解决环境问题的主角——企业难辞其咎。在企业社会责任研究中，企业的生产与自然环境的关系处理问题占有很重要的地位。本书将企业这一责任称为企业生态责任。对于企业生态责任的研究是基于生态文明时代的大背景下，围绕在社会生产过程中的现代企业到底应该扮演什么样的角色，应该怎样从生态角度研究和设计自己的产品并最终提供绿色产品、回收消费后的产品"残骸"的过程而展开的。企业社会责任研究的深入为企业生态责任的探讨提供了非常重要的铺垫。可以说，在生态文明时代，企业生态责任是企业社会责任的重要组成部分，而且越来越重要，是企业社会责任研究的进一步延伸。只有企业真正履行社会责任，真正承担起应尽的生态责任，整个社会才会真正实现绿色发展。目前关于企业生态责任的研究还处于初级阶段，国内外专门论述的相关文献也非常有限，这一概念最早应追溯到瑞典籍环境经济学家托马斯·林德丘斯特（Thomas Lindquist）在 1990 年向瑞典环境与自然资源部提交的一份报告中提出的生产者责任延伸（extended producer responsibility）一词。他认为生产者（企业）的责任应该延伸至整个产品的生命周期，包括产品对环境的影响等，特别强调对产品的回收、再循环利用与处置[①]，事实上，是要求企业对自己生产产品的整个生命过程承担责任，这就是生态责任。

1.3　企业生态责任的理论基础

本书以马克思主义作为研究的重要理论基础，并综合运用西方经济学中关于环境经济发展的理论以及环境伦理学、宏观环境经济学等交叉学科的基本理论。在马

---

① 张坤民：《循环经济理论与实践》，北京：中国环境科学出版社，2003 年版，第 98 页。

克思主义理论体系中蕴含着丰富的正确处理人与自然之间关系的相关理论及观点，包括《资本论》《剩余价值论》《自然辩证法》等经典著作以及恩格斯有很多关于环境问题的论述，这些都将成为我们今天研究生态环境最重要的理论基础。马克思倾尽毕生精力投入到与资本主义的斗争中，尽管看上去马克思更多地关注社会的阶级问题，从商品分析入手研究资本主义的社会结构，并通过对生产过程的剖析，创造了著名的劳动价值论和剩余价值理论，从而揭示了资产阶级的剥削本质。但马克思和恩格斯对于自然的关注并不亚于对阶级问题的关注，他们通过对劳动问题进行分析，运用辩证唯物主义和历史唯物主义方法从整体性视角诠释人与自然之间的关系问题。马克思在分析人与自然的关系时首先是从整体性角度开始论述的，把人放在自然环境中讨论相关问题的，他说："自然界，就它本身不是人的身体而言，是人的无机的身体。人靠自然界生活。这就是说，自然界是人为了不致死亡而必须与之不断交往的、人的身体。"①马克思在这里把自然看成是人的无机身体，实质上是说人是自然的一部分，人与自然是分不开的，既然如此，人类的活动就要顺应自然，对自然存有先天的责任，今天看来就是生态责任。马克思唯物论最基本的内容就是生产力决定生产关系，而生产力即表现为人与自然的关系，生产关系则表现为人与人之间的关系。马克思和恩格斯强调"人与人的和解"是"人与自然的和解"的前提条件，这是现代生态学在哲学意义上的经典表述。其实，马克思开始真正地从理论上思索全人类的解放事业时，从来没有离开过对人与自然关系的思考，首先通过物质变换来定义劳动并以此描述人与自然的物质关系，他说："劳动首先是人与自然之间的过程，是人以自身的活动来引起、调整和控制人和自然之间的物质变化过程。"②"用现在的话说，物质变换概念实质上是生态经济概念。"③今天所有为社会主义和资源公平分配而进行的斗争，仍然都是按照马克思主义的既定轨道进行的。④在《1844 年经济学哲学手稿》中，明确指出："共产主义是私有财产即人的自我异化的积极的扬弃……这种共产主义……是人和自然之间、人和人之间的矛盾的真正解决……"⑤ 在作为他和恩格斯创立的历史唯物主义成熟标志的《德意志意识形态》

---

① 《马克思恩格斯全集》（第 42 卷），北京：人民出版社，1979 年版，第 95 页。

② 《马克思恩格斯全集》（第 23 卷），北京：人民出版社，1972 年版，第 201～202 页。

③ 刘思华：《生态马克思主义经济学原理》，北京：人民出版社，2006 年版，第 23 页。

④ 《国外思潮与动态》，2005 年 7 月 20 日《光明日报》第二版。

⑤ 《马克思恩格斯全集》（第 42 卷），北京：人民出版社，1979 年版，第 120 页。

中，则有"我们仅仅知道一门唯一的科学，即历史科学。历史可以从两个方面进行考察，可以把它划分为自然史和人类史。但这两方面是不可分割的，只要有人存在，自然史和人类史就彼此相互制约"。[①]并且，马克思对当时一些重要的生态环境问题，如农业中的土地的数量和质量问题（J. 利比格对此做过著名的调查）的讨论也十分感兴趣，他说："耕地如果自发地进行，而不是有意识地加以控制……接踵而来的就是土地荒芜，像波斯、美索不达米亚等地以及希腊那样。"[②]恩格斯在《自然辩证法》中也有专门关于人与自然关系的论述，他说："因为在自然界中任何事物都不是孤立发生的。每个事物都作用于别的事物，并且反过来后者作用于前者……""美索不达米亚、希腊、小亚细亚以及其他各地的居民，为了得到耕地，毁灭了森林，但是他们做梦也想不到，这些地方今天竟因此而成为不毛之地，因为他们使这些地方失去了森林，也失去了水分的集聚中心和贮藏库。阿尔卑斯山的意大利人，当他们在山南坡把在山北坡得到精心保护的那一种枞树林砍光用尽时，没有预料到，这样一来，他们就把本地区的高山畜牧业的根基给毁掉了；他们更没有预料到，他们这样做，竟使山泉在一年中的大部分时间内枯竭了，同时在雨季又使更加凶猛的洪水倾泻到平原上。"[③]在这里，恩格斯非常强调要充分认识自然规律的重要性，要适应自然规律而不是去破坏它，并且郑重强调："我们对自然界的全部统治力量，就在于我们比其他一切生物强，能够认识和正确运用自然规律。""我们不要过分陶醉于我们对自然界的胜利。对于每一次这样的胜利，自然界都对我们进行了报复。""事实上，我们一天天地学会更正确地理解自然规律，学会认识我们对自然界的习常过程所做的干预所引起的较近或较远的后果。特别自本世纪自然科学大踏步前进以来，我们越来越有可能学会认识并因而控制那些至少是由我们的最常见的生产行为所引起的较远的自然后果。"[④]也就是说，如果我们人类活动违背了自然规律，或者说一些不负责任的行为，必将产生不可预计的后果，甚至付出不可估量的代价。这些论述尽管是过去 100 多年前的观点，但对我们今天正确认识人与自然的关系仍然具有不可替代的作用，这些观点是辩证唯物主义和历史唯物主义及科学社会主义理论关于正确处理人与自然关系问题的集中体现，只有以马克思主义为理论基础，

① 《马克思恩格斯选集》（第 1 卷），北京：人民出版社，1995 年版，第 66 页。
② 《马克思恩格斯全集》（第 32 卷），北京：人民出版社，1974 年版，第 53 页。
③ 《马克思恩格斯全集》（第 4 卷），北京：人民出版社，1995 年版，第 381～383 页。
④ 《马克思恩格斯全集》（第 4 卷），北京：人民出版社，1995 年版，第 384 页。

坚持马克思主义的立场观点，才能正确明辨当今世界生态危机的真正根源，认清各种生态思想的利弊得失，认清人类社会的发展趋势和环境保护运动的趋势，正确把握和处理好人类社会发展过程中与自然生态环境的关系。

1.3.1　生态马克思主义理论

生态马克思主义理论是近年来西方学者对马克思主义理论研究的最新发展方向之一。我国学者刘仁胜对生态马克思主义的发展进行了客观中肯的评价[①]，本书基本同意其观点。

生态马克思主义的研究最早是从法兰克福学派探索科学技术与生态危机之间的关系开始的，中间经历了莱斯和阿格尔对生态马克思主义的初步创立，直至 20 世纪 90 年代，美国《资本主义、自然、社会主义》期刊的主编詹姆斯·奥康纳博士在生态灾难随着资本主义全球化而向全球不断蔓延的关键时刻，在莱斯和阿格尔德生态危机理论基础上，将资本主义危机总结为经济危机和生态危机并存的双重危机理论，最终形成了双重危机理论、革命的生态社会主义理论和马克思的生态学 3 种理论样态并存的局面。

法兰克福学派虽然最开始已经预见并意识到资本主义生产方式对人类生态环境的破坏，但局限于当时资本主义生态危机还没有达到对整个世界产生严重威胁的程度。到了 20 世纪 60 年代至 70 年代的冷战时期，资本主义通过内部的制度调整和科学技术革命，不仅加强了对资本主义内部的控制，更严重的是资本主义把自然当作了商业化、军事化的自然，对自然环境造成了极大的破坏。对此，马尔库塞认为，科学技术对环境的直接破坏来源于其背后的资本主义制度，强调"技术的资本主义使用"是生态恶化的原因。莱斯则在《自然的控制》中，全面系统地论述了人类通过科学技术对自然进行控制的意识形态是资本主义生态危机的根源，对生态马克思主义的发展起到承上启下的作用。阿格尔在《满足的极限》中发现了生态马克思主义萌芽，并第一次提出了生态马克思主义的概念。

奥康纳的双重危机理论实际上是 20 世纪 90 年代之前生态马克思主义在资本主义全球化条件下的直接发展，他运用马克思主义的基本原理和观点分析了资本主义

[①] 刘仁胜：《生态马克思主义概论》，北京：中央编译出版社，2007 年版。

生态危机产生的原因，重点提出资本主义第二类矛盾的思想①。同莱斯和阿格尔一样，他不承认马克思具有生态学思想，认为："尽管马克思恩格斯是研究由资本主义的发展所导致的社会动荡问题的理论家。但他们两个人确实没有把生态破坏问题视为其资本主义的积累与社会经济转型理论中的中心问题。他们低估了作为一种生产方式的资本主义的历史发展所带来的资源枯竭以及自然界的退化的厉害程度。他们两人也没能准确地预见资本在'自然的稀缺性'面前重构自身的能力，以及资本所具有的保护资源和防止或消除污染的能力。"②所以在这里我们把奥康纳的理论称为改良的生态社会主义。

克沃尔教授构建的革命的生态社会主义理论虽然不承认马克思具有系统的生态学观点，但克沃尔却以《共产党宣言》和马克思的劳动价值论为基础，勾画出未来生态社会主义的蓝图，承认马克思在公有制基础上的劳动者真正的自由联合是消除资本主义生态危机的唯一选择。他认为，马克思主义所阐述的社会主义只有在发达资本主义国家中才能实现，以往的社会主义都是建立在经济落后的发展中国家，都不是马克思所设想的真正意义上的社会主义，因此，资本主义全球化为真正实现马克思主义所阐述的社会主义提供物质基础，实际上是继承了生态马克思主义对马克思主义进行修正和补充的历史道路。

福斯特和伯克特从历史的角度、唯物主义的角度、马克思的人类和自然的关系的角度以及未来共产主义社会的角度详细分析了马克思本人的生态学思想和体系，认为马克思的生态学是人类迄今为止最系统和完整的生态学思想和体系，并把生态学思想作为马克思主义的核心思想③。按照生态学的标准和原则，马克思不仅有生态学思想，而且马克思确实也为解决生态灾难指明了方向，这一点对生态环境压力日益增大的我国来说具有非常重要的理论和现实意义。

我国学者刘思华教授就是沿着这一思想继续深入研究的。他重读《资本论》《剩余价值理论》《马克思恩格斯全集》等经典理论，对马克思主义经典著作中的生态

① 詹姆斯·奥康纳把马克思主义关于资本主义的基本矛盾概括为第一类矛盾，而把资本主义的生产无限性与资本主义生产条件的有限性之间的矛盾称为第二矛盾。也就是说，第一类矛盾主要是由资本主义生产力与生产关系之间的矛盾，而第二类矛盾则是资本主义生产力、生产关系与资本主义生产条件之间的矛盾。

② [美]詹姆斯·奥康纳：《自然的理由——生态学马克思主义研究（1997）》（唐正东、臧佩洪译），南京：南京大学出版社，2003 年版，第 198 页。

③ [美]约翰·贝拉米·福斯特（John Bellamy Foster）：《生态危机与资本主义（2002）》（耿建新、宋兴无译），上海：上海译文出版社，2006 年版。

思想进行了重新梳理、归纳和总结，从总体性角度对生态经济学相关问题进行了系统性研究，并提出了自己的建设性意见[1]，对继承和发扬生态马克思主义理论研究开辟了属于自己的理论体系（企业生态经济理论就是其最具代表性的理论创新，后面将详述）；马传栋教授则从可持续发展的角度提出工业生态化问题[2]，这些都体现了我国学者研究生态马克思主义的严谨学术风范和独特的研究视角。

1.3.2 可持续发展经济与理论

可持续发展经济学是 20 世纪 90 年代中期发展起来的，主要代表人物由以美国经济学家赫尔曼·E. 戴利（Herman E.Daly）为代表的一些生态经济学家、环境伦理学家等组成。赫尔曼·E. 戴利认为，尽管传统经济学家已经开始关注环境问题，并且以"外部性内部化"为主题进行研究取得了一定成果，但作为环境问题的解决办法还远远不够，现有理论也根本无法满足和适应不断出现的新情况。他说："可持续发展经济学，按照大学所教授的及政府和发展银行所实际操作的那样，是一种完全意义上的微观经济学。"[3]并认为环境经济学的理论集中在价格上，最主要的问题就是如何将外部的环境成本内化成一种完全反映社会边际成本的价格，"这里不存在任何维度"，所以从根本上没有跳出微观经济的控制。而现有宏观经济学的视野也把整个经济看成是一个孤立的系统（即与周围环境没有物质或能量交换），交换价值在这个封闭系统的厂商与家庭之间进行着循环[4]。在这个抽象出来的交换价值流动的孤立流程系统中，并未提

---

① 刘思华：《生态马克思主义经济学原理》北京：人民出版社，2006 年版。
② 马传栋：《工业生态经济学与循环经济》北京：中国社会科学出版社，2007 年版。
③ 赫尔曼·E. 戴利（Herman E. Daly）：《超越增长：可持续发展经济学》（诸大建、胡圣译），上海：上海世纪出版集团，2006 年版，第 53 页。
④ 目前几乎所有的宏观经济学教科书在讲述宏观经济系统时，都在厂商（生产者即企业）与家庭（消费者）之间建立一种最基本的循环，其过程就是厂商为家庭提供产品，获取代表价值的货币，然后将投入生产变成资本，资本购买劳动力和原材料及动力重新进行商品生产；家庭为厂商提供劳动力获取以货币表现的工资收入，这就是最简单的两部门经济；如果在加上第三方政府，其循环模式在两部门经济基础上，政府通过其权力机构对厂商（生产者即企业）征税（税收），进而为家庭及社会提供公共产品（政府购买）实现循环，这就是三部门经济；如果考虑对外贸易（出口和进口），就是四部门经济。如果把经济系统看成一个不与外界发生任何关系的独立的系统，这个循环应该说是无可挑剔的，现实中也确实这样运行的。但问题是这种循环是一种抽象的交换价值的循环，仅以交换价值的大小衡量整个系统的运行效率，对其循环中的具体物质是什么好像并不感兴趣，因为经济系统本身是生态系统的一部分，必然与外界发生各种各样的联系（物质、能量等方面），这是宏观经济学所欠考虑的，也成为催生宏观环境经济学的一个主要因素。

及物质的再生性，没有任何东西依赖于周围的环境，当然也就不会有自然资源的耗费及环境污染等问题。

赫尔曼·E. 戴利认为"将宏观经济学视为有限的自然生态系统（环境）的一个子系统，而不是抽象的交换价值的孤立循环，不受物质平衡、熵和边界的限制"[①]，他认为经济系统只是生态系统的一个开放的子系统，并不是孤立的系统。由于人类活动的增加使得经济系统占整个生态系统的比重越来越大，世界也就由"空的世界"逐渐发展成为"满的世界"（图 1-1）。这是一个全新的视角，它突破了宏观经济学和环境之间那层"无法穿透的阴影"，就像凯恩斯当年创造宏观经济学时所言"萨伊定律[②]和总量上供过于求的不可能性给大萧条罩上了一层无法穿透的阴影"一样，指出"人类经济的演化已经从人造经济是经济发展的限制因素的时代进到了剩余的自然资本是限制因素的时代"。可持续发展经济学把生态系统与经济子系统之间的物质交换作为其研究的主要内容，是基于宏观经济至少在两方面完全依赖于生态系统，即低熵物质/能量的投入和对高熵物质/能量的排放接受。认为宏观经济大小必须放在生态系统中进行总量考虑，也就是说宏观经济与生态系统的交换总量的规模[③]必须适应环境承载力，即使经济中既定资源流程的配置效率再高，而整个经济相对于生态系统的最大规模也是一个极限，所以保证最佳规模就显得非常重要，这就相当于一条装载货物的船只上的装载线（plimsoll line），如果重量分配（配置）不合理，可能的水位线就会提前达到装载线；但即便重量被合理分配（最佳配置），若绝对重量达到或超过装载线，船只同样非常危险甚至沉没。所以，可持续发展经济学的发展任务就是设计出一个与装载线相类似的制度，用以确定和衡量重量即经济系统的绝对规模，使经济之舟不在生态圈中沉没。这是一个全新的视角，让我们站在更高的视角重新审视经济系统在人类社会发展中的作用以及如何正确处理人与自然之间的关系问题，为从根本上解决环境问题提供重要的理论支撑。

---

① 赫尔曼·E. 戴利：《超越增长：可持续发展经济学》（诸大建、胡圣译），上海：上海世纪出版集团，2006年版，第 56 页。

② 萨伊定律（Say's law），法国经济学家让·巴蒂斯特萨伊（1767—1832）创造的定律，认为供给会自动创造需求。

③ 从环境角度讲，规模是人口乘以人均资源使用量得出的生态系统中人类生存的物理规模或尺寸大小。

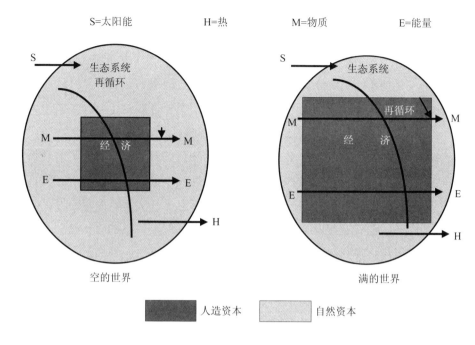

图 1-1 作为生态系统的开放子系统的经济

由于生态系统随经济增长其规模保持不变,因此经济在一段时间后相对其被包含的经济系统必然要变大。图 1-1 表示了从空的世界到满的世界的转变。关键是人类经济的演化已经从人造经济是经济发展的限制因素的时代进到了剩余的自然资本是限制因素的时代。[①]

我国著名学者刘思华教授对于可持续发展理论的研究是从现代企业总资本构成开始的,他认为,现代企业是可持续发展经济的微观主体,但目前,"无论是东方经济学企业理论,还是西方经济学企业理论,都是与生态环境相脱离的企业理论。"[②]"直至今日,一些学者仍把生态经济发展过程排除在企业运行和发展过程之外,无视现代企业生存和发展的生态特征。""现代企业正在由征服掠夺生态环境的破坏者向保护建设生态环境的建设者的根本转变,构建可持续发展的生力军。因此,在生态文明时代,现代企业本质上不仅仅在是一个物质资本和人力资本优化配置的

---

① 转引自赫尔曼·E. 戴利:《超越增长:可持续发展经济学》(诸大建、胡圣译),上海:上海世纪出版集团,2006 年版,第 57 页。

② 刘思华:《企业经济可持续发展论》,北京:中国环境科学出版社,2002 年版,第 13 页。

主体和经营管理的组织；而是物质资本、人力资本和生态资本优化配置的主体和经营管理的组织。"将"现代企业总资本是由物质资本、人力资本和生态资本三类资本构成的"作为自己的理论基础。这里所说的生态资本，也是相对于物质资本而存在的，表现为生态系统所具有的资源生态潜力、环境自净能力、生态环境质量、生态系统对人类的整体有用性等生态质量因素之和，具有生态价值的资本。[①]现阶段，生态资本实质上是人造自然资产或人造资产和自然资本相结合的产物。这种观点是针对在工业文明时代的企业理论存在的诸多不足提出的，是对传统企业"外部不经济内部化"的重新诠释，也是对现代企业创造物质财富和生态财富的重要性的肯定。因为，"现代经济社会生产的社会产品按其满足需要的内容来看，就必须包括物质产品、精神产品、生态产品三个基本方面"[②]，而当今的生态产品实质上是人造自然财富即生态财富。只有实现社会和企业在消耗生态资本中等价交换，才能使生态环境资源在经济活动中得到优化配置和合理利用。

1.3.3　企业生态经济理论

企业生态经济理论是我国著名学者刘思华教授最早提出的，他认为："现代企业是现代国民经济的细胞，是现代社会的基本单位。只有现代企业的可持续发展，才会有现代经济社会的可持续发展。因此，从实施可持续发展的行为主体来说，关键是企业"。[③]他指出："现代企业不仅是个经济实体，而且是个生态经济实体……是以此为基础的'生态-经济-社会'复合系统……是谋取经济利益、社会利益和生态利益协调优化，追求可持续发展的组织。"

刘思华教授提出企业是个独特的生态系统，"是以人为主体的生物群体在开发和利用各种类型的自然生态系统的基础上形成的生物与环境的结合体"。[④]是以人为主体、以高度人工化的物质环境为客观的人工生态系统，是个独特的生态系统。可见，企业生态系统的形态与发展机制是与自然生态系统相互融合的有机整体。归纳起来，在生态文明背景下，企业生态系统的特点至少包括 4 个方面的特征：①人是

---

① 刘思华：《企业经济可持续发展论》，北京：中国环境科学出版社，2002 年版，第 15 页。
② 刘思华：《企业经济可持续发展论》，北京：中国环境科学出版社，2002 年版，第 16 页。
③ 刘思华：《企业经济可持续发展论》，北京：中国环境科学出版社，2002 年版，第 2 页。
④ 刘思华：《企业经济可持续发展论》，北京：中国环境科学出版社，2002 年版，第 4 页。

企业生态系统的主体，是企业生态环境的设计者、建设者、管理者；人在企业生态系统中居于主导地位，人的行为对企业功能的发挥起着支配作用。②企业生态系统是人创生态系统，是一个不完全的生态系统。它对外界依赖性很强，永远也不能脱离外界的自然和农业生态系统以及整个企业城市生态系统而独立存在。③企业生态系统是个开放系统，是建立在城市生态系统和外界其他生态系统基础上的开放系统，是"活"的动态系统。④企业的社会生态系统是企业生态系统的主要组成部分。这些具有鲜明的生态文明时代的企业特点，是对生态文明背景下的现代企业独立生态系统的最好诠释，充分反映了现代企业作为大的生态系统的子系统本身的固有属性和时代特征。

在此理论基础上，刘思华教授认为，企业的经济活动是建立在生态系统基础上的①。因为，企业是由自然生态和社会经济融合而成的一个以生态系统为基础、经济系统为主导的生态经济复合体系。因此，企业经济系统都是建立在生态系统基础上的，是不能离开生态系统而单独存在的。无论现代社会怎样进步，其现代经济发展所必需的一切物质资源，归根到底都要取自于自然界；无论现代技术怎样先进，企业生存与发展所进行的经济活动，总是在一定的生态系统中进行的，还与物质资料有关的周围环境存在着一个互相平衡和协调发展的问题。随着现代社会的发展，这种相互平衡和协调发展越来越重要，并将日益主宰企业的生产经营活动。所以，生态环境系统对企业经济系统的发展起着基础性的决定作用。总之，在现代经济社会条件下，社会越进步，经济越发展，技术越进步，现代企业的经济活动和自然生态环境之间就越相互依存、相互作用、相互融合，使生态环境系统和企业经济系统成为不可分割的生态经济有机整体，这是一个无法逃避的现实，体现的是现代企业经济系统与生态环境系统相互适应与协调发展规律。这是现代企业生产力发展的重要规律。

同时，企业是一个生态经济实体，是以生态经济有机体为理论和实践的依据的。企业既是人与自然之间的物质变换的实际发生地，发生人与自然环境的生态关系；又是人与人之间的相互交换劳动的实际发源地，发生人与人的经济关系，实现个别劳动之间的社会物质交换，使企业成为生产关系的直接体现者。企业的经济活动过程，是人与自然环境的生态关系和人与人的经济关系的相互结合、相互作用的生态

---

① 刘思华：《企业经济可持续发展论》，北京：中国环境科学出版社，2002 年版，第 6 页。

经济发展过程。企业的生态经济发展过程，是企业生存与发展的自然生态过程和社会经济过程的有机统一。所以，企业商品生产过程并不是单纯创造商品使用价值的自然生态过程，同时也是价值形成和增殖的社会经济过程，是改变自然物质的劳动过程和价值形成与增殖过程的统一。企业经济运动过程，实际上是自然生态发展过程和社会经济发展过程的有机统一运动过程。这种统一运动和相互作用的过程，就是生态经济协调发展过程。正是从这个意义上说，企业不仅是经济实体，而且是生态经济实体。在现代市场经济条件下，现代企业作为现代经济运行与发展的核心主体，其经营活动和发展行为，既表现为现代市场经济发展的微观主体，又表现为可持续发展的微观主体，应该是两者的有机统一。

工业企业也是生态经济有机体。企业内部的生态系统的营养物质的生物小循环，同样是生态系统中的生物地化大循环的基础上进行的，两者相互依存、相互制约，体现着无机界和有机界的相互适应、相互调节和相互作用的关系。企业生产与再生产包括4个相互联系的方面，即物质资料的生产与再生产、劳动力的生产与再生产、精神的生产与再生产和生态环境的生产与再生产。企业劳动力生产过程，是自然生态过程与社会经济过程有机统一的生态经济过程，这要从人的两重性学说谈起。人是自然生态因素和社会经济因素的有机统一体。人作为自然的人，是生态系统的重要组成部分；作为社会的人，则是经济系统的主体。在企业中，人的两重性通过人是消费者和生产者表现出来。物流是消费者还是生产者，都具有自然生态和社会经济两重形态。①人是生态意义上的消费者和社会意义上的消费者的统一。人作为消费者有两层含义：一是生态意义上的消费者，即直接从生态系统中摄取必要的物质能量，如阳光、空气等；二是社会意义上的消费者，即通过经济系统向自然界间接地索取物质能量，包括衣服、住房等。②人是社会的生产者和自然的生产者的统一。这包括两层含义：一是社会的生产者，这是指人们进行物质资料的生产和精神生产，通过这两种生产调节经济系统的发展；二是自然的生产者，指人们促进良性自然生产和健全生态条件生产，通过这种生产调节生态系统发展。再次，现代工业企业生产发展，自然界不仅是它的物质要素的最终源泉，有些工业企业还要以良好的生态条件作为生产过程的组成部分。③随着科技进步，工业企业生产过程越来越通过技术交换过程和经济交换过程联系起来，求得生态和经济、自然和社会的更加紧密结合，这是现代工业企业生产力发展的一个重要特点。

1.3.4　生态文明理论

随着人们的环境意识在逐渐增强，环境保护、生态危机、增长极限、绿色GDP评价体系等一系列新词的出现，告诉我们，人类正在朝着解决生态危机的正确方向努力。事实上，中国共产党和中国政府一直在积极关注和努力推行环境保护，倡导生态文明和绿色发展。自党的十六大以来，我国对生态文明建设的认识不断加深，逐渐将生态文明建设纳入政府全面建设小康社会的社会发展目标之中，明确将可持续发展能力的不断增强、生态环境的逐步改善和资源利用效率的显著提高作为促进人与自然和谐相处的基本前提，并通过生态文明建设不断推动整个社会步入生产发展、生活富裕和生态良好的文明发展道路。此时，中国对待环境问题已经上升到了党和国家层面，并已经成为衡量社会发展的重要目标。到了党的十七大，中国共产党正式将"生态文明"写进了十七大报告，"建设生态文明，基本形成节约能源资源和保护环境的产业结构、增长方式、消费模式。循环经济形成较大规模，可再生能源比重显著上升。主要污染物排放得到有效控制，生态环境质量明显改善。生态文明观念在全社会牢固树立"。[①]将环境问题上升到了"生态文明"的高度，并且在党的十七届四中全会把"生态文明建设"提升到与经济建设、政治建设、文化建设、社会建设并列的战略高度，也就是说生态文明建设是"五位一体"建设目标的重要组成部分，证明中国绝对是负责任的大国，国民的环境意识、生态意识和责任意识也在不断增强。在党的十八大报告中再次强调"建设生态文明是关系人民福祉、关乎民族未来的长远大计。面对资源约束趋紧、环境污染严重、生态系统退化的严峻形势，树立尊重自然、顺应自然、保护自然的生态文明理念，把生态文明建设放在突出地位，融入经济建设、政治建设、文化建设、社会建设各方面和全过程，努力建设美丽中国，实现中华民族永续发展"，[②]并且坚信"我们一定要更加自觉地珍爱自然，更加积极地保护生态，努力走向社会主义生态文明新时代"[③]。

事实上，关于生态文明、绿色经济、绿色发展等问题的讨论早已成为学术理论研究的热点，尤其在党的十八大之后，生态文明和绿色发展已经成为政界及党与政府工作报告中、主流媒体理论宣传和新闻报道中使用频率最高的两个概念了。尽管

---

① 摘自《党的十七大报告》。
② 摘自《党的十八大报告》。
③ 摘自《党的十八大报告》。

研究者众多，但对于"生态文明问题研究仍存在着'三个薄弱'①和'五化'即西化、标签化、功利化、庸俗化、异化的问题"②，这也是导致一些"伪生态文明论""半生态文明论"浪迹于世界的原因之一，之所以出现这些问题，是因为这些所谓的研究者对生态文明定义及其本身的固有属性和内在本质并未完全理解或者一知半解。按照刘思华教授对生态文明定义的界定，认为"生态文明是指联合劳动者遵循自然、人、社会有机整体和谐协调发展的客观规律，在生态经济社会实践中取得的以人与自然、人与人、人与社会、人与自身和谐共生共荣为根本宗旨的伦理、规范、原则和方式及途径等成果的总和，是以实现生态经济社会有机整体全面和谐协调发展为基本内容的社会经济形态"。③这个界定鲜明地反映了从自然、人、社会有机整体上深刻认识生态文明的理论本质、科学内涵与实践主旨，恢复了生态文明本真形态的面貌，是生态马克思主义经济学哲学的科学内涵；准确地揭示了生态文明是扬弃、超越资本主义文明与工业文明的全新的社会主义文明形态与经济社会形态；如实地凸显了生态文明是社会主义的一个根本属性、内在本质与固有价值，是超越资本主义文明而构成社会主义生态文明的一种内在属性与社会主义本质的一个根本内容。因此，生态文明、建设生态文明、生态文明建设就必然是社会主义的，也只能是社会主义的，而不是别的什么主义的。这是一个科学社会主义真理。④

现实中，我们提出的建设生态文明，不同于传统意义上的污染控制和生态恢复，而是清除、超越工业文明弊端，探索资源节约型、环境友好型发展道路的过程。生态文明本身是一种意识、一种理念，一种战略性的宏观概念，如何让这种生态文明意识深入人心，成为人们日常生活的行为规范准则和道德约束原则，是人类应该共同认识和面对的新课题。让生态文明"落地"，实现宏观到微观的转化，至少包括思想意识、制度约束、主体行为等几个方面，在这一过程中，作为市场经济的重要主体——企业就显得至关重要，一方面，企业是社会产品的生产者和回收者，是微观经济层面最有活力和最具代表性的市场主体，其为市场提供的产品是否符合生态文明要求，是否真正做到为产品负责、为环境负责？另一方面，企业本身也是消费

① 所谓"三个薄弱"，即除少数马克思主义者外，生态文明的马克思主义研究比较薄弱；社会主义生态文明基础理论研究比较薄弱；建设社会主义生态文明方向性、战略性研究比较薄弱。
② 刘思华：《中国生态经济建设·2013 年杭州论坛开幕词》，载《毛泽东邓小平理论研究》2014 年第 2 期。
③ 刘思华：《生态马克思主义经济学原理（修订版）》，北京：人民出版社，2014 年版，第 9 页。
④ 刘思华：《加强生态文明、绿色经济、绿色发展的马克思主义研究·中国生态经济建设·2016 信阳论坛开幕式上主旨演讲》，载《生态经济通讯》2016 年第 9 期。

者，在消费过程中和消费后，能否达到彻底消费无污染？所以，企业的生态文明程度直接影响社会整体生态意识的普及和扩大。也就是说，企业只有真正做到承担生态责任，才是对生态文明的最好诠释和落实，才能推动社会实现绿色发展。

生态文明作为一种理念，是经济主体展开经济活动的纲领。在一个健全的市场经济环境里，企业是极为重要的经济主体，以至于在推进生态文明建设的整体布局里，企业是不可忽视的重要主体。要切实将生态文明理念落实到实处，离不开企业的践行。虽然按照经典的微观经济学理论，追逐利润最大化是企业的目标；但是在现实生活中企业与消费者、政府之间构成了一个颇具生态属性的社会关系，并作为彼此实现自身目标的重要利益相关者。正是在这个意义上，企业为了满足自身利益最大化，首要的前提是必须保证其他经济主体获得最大化的利益，唯有此才能真正实现自身利益最大化且保持持续性。遵循这个基本逻辑，要构建全过程的生态文明建设体系，企业必须践行生态责任，并把生态责任作为社会责任体系的重要组成部分，通过梳理生态理念、采取生态化的生产过程和提供生态化的产品，不断获得其他利益相关者的生态认同，只有这样企业才能持续存在与有序发展，并最终成为推动生态文明建设的重要生力军。

在推进生态文明建设的宏观背景下，我们着重于从企业这个重要的实践主体入手，探讨企业在整个生态文明建设过程中的生态责任，具有十足的必要性。①加强企业生态责任，有利于将生态文明建设落实到实处。从人与自然关系的实际状况着手，以近些年来人与自然关系的紧张关系为参照，将企业作为践行生态文明理念的重要经济主体，让企业将生态责任作为社会责任的重要内容来加以履行，十分有利于将生态文明建设落实到实处。企业越是自觉履行生态责任，生态文明建设理念就越能落实到实处，从而就越有利于改善人与自然的关系，进而有助于优化环境，最后早日建成环境友好型社会，并借助自然环境的改善助推企业持续发展。②加强企业生态责任，有助于提升企业的核心竞争力。随着后工业文明时代的到来，企业面临的竞争压力越来越大，企业竞争的维度越来越多元，生态性、有机性就是一个极为重要的竞争维度。企业履行生态责任，是履行社会责任的重要体现，是树立良好企业公民形象的重要行动，有助于改善企业与其他利益相关者的关系，并赢得利益相关者的认可和强力支持。企业履行生态责任，就要求企业首先树立生态文明理念，并在遵循生态文明理念的前提下，在整个生产过程中践行该理念，清洁生产、低碳生产就是最为切实的要求。③正是在生态文明理念的支配下，企业以生态化的方式生产出了资源节约型、环境友好型的生态产品，让消费者享受到了颇具安全品质的有机商品，从而赢得消费者的赏识和高度认可，从而不断增强对该企业的消费忠诚度，并以粉丝的心态不断关注该企业。显然，消费者的认可和忠诚，就是企业提高竞争力的催化剂和助推力。④加强企业生态责任，有助于保护消费者权益。在一个健全的社会主义市场经济体系里，企业履行生态责任就是构建良好生态关系的重要环节。谈及环境对人类的影响，最为重要的方式就是产品的品质对使用者的影响。企业以履行生态责任为切入点，能够向消费者提供具有生态安全特质的产品，从而降低产品消费对消费者健康带来的不利影响。就近些年的实践来看，消费者的健康时常受到污染性产品的危害，从而消费者权益的保护无从谈起。所以，在环境保护日益重要的今天，企业履行生态责任是保护消费者权益的重要途径。总之，以生态文明理念为遵循，以实践中的人与自然关系为参照，让企业履行生态责任，既有助于在宏观战略上践行生态文明理念，精准推进全社会生态文明建设，又有助于保护生态环境和节约利用资源，从而不断减轻资源与环境对经济持续增长的制约性，还有助于在横向层面构建和谐的关系，通过统筹兼顾利益相关者的利益形成合力，并不断为经济持续增长注入不竭动力和增加社会稳定性，夯实稳固基础。

1.4　履行企业生态责任是企业发展的自身需要与必然选择

企业生态责任是生态文明时代现代企业的一个固有属性与内在本质，因此，履行企业生态责任，必须加强生态文明建设，探索企业绿色发展道路，实行企业绿色转变，发展绿色生产力，实现绿色发展。这是我国现代企业在 21 世纪存在与发展的自身需要与必然选择。

1.4.1　履行企业生态责任是现代企业自身需要和正确选择

长期以来，工业文明时代的企业生存与发展是限定在企业生产与经营的范围，即是企业经济系统运行与发展，不涉及企业生存与发展的最根本性问题，即自然生态环境问题。因而，工业文明时代的企业存在与发展的根本缺陷就是以企业生产经营和自然生态环境相脱离为基本特征，使企业发展走上以牺牲生态环境为代价实现工业化和现代化的黑色经济发展道路。工业文明时代 200 多年来企业发展的历史，不是充分证明了这一点么？正因为如此，就使绿色发展成为全人类生存和发展的必然趋势，是世界各国共同的选择与目标。

（1）现代企业是绿色发展的微观主体，实施绿色发展战略，发展绿色经济，是直接关系企业自身的前途与命运的战略性问题，是事关企业生存与发展的历史性课题。正如 R. 布朗在《生态经济革命》一书中所说的："在商言商，没有利润，企业就无法生存，这是不容否定的事实。但是，能否构建可持续发展的经济，应该攸关企业的命运。"因此"当世界以坚实的步伐迈向可持续发展的目标之际，不管是大企业还是小企业或是中小企业，皆有其应克之责和课题。"很明显，在这里的"应克之责和课题"，是指任何企业都肩负着迈向绿色发展的历史责任和时代课题，如果不尽此责，不完成这个课题，将会被时代摒弃从而为尽此责的企业所兼并而消失。

众所周知，长期以来，世界企业界基于自身的经济利益，为了实现盈利最大化，对保护环境、改善生态、建设自然采取一种消极、抵制生态的态度。但是，自 20 世纪 90 年代以来，由于工业生态化的趋势越来越明显，黑色工业正在向绿色工业的方向转变，使一些国家工业界和企业界对生态环境和发展经济的态度发生了重大变化：①他们看到工业污染既损耗资源、污染环境，又损害人体健康，极大危害人类生存和工业发展的生态基础；②企业界认识到工业污染对生态环境质量的损害，不仅严重影响企业名声，损害企业的社会形象，而且不利于市场竞争，已经成为影响企业生存和发展的一个主要条件；③随着现代企业生产力的发展，自然生态环境由影响企业存在和发展的"外在的"因素转化为"内在的"因素，生态环境质量将会越来越成为企业创造财富的一个来源和财富的本身，是增强现代企业核心能力的根本途径，这已成为国际企业界的共识。因此，对于加入国内外两个市场竞争的企业来说，必须充分认识到，在 21 世纪的绿色经济时代，企业竞争、市场竞争不仅是产品质量、商品价格、服务优良、促销手段等方面的竞争，而且是生态环境保护与建设的竞争、企业绿色形象的竞争。这就是说，21 世纪的企业竞争不仅是经济的竞争，而且是生态的竞争。谁能在生态竞争中取得优势，谁就能在 21 世纪市场经济竞争中掌握主动权、处于有利地位，领先一步占领市场，尤其占领尚需开拓的绿色市场。正如杜邦化学公司原总裁伍拉德所说，"要使公司继续生存下去，就要在环境保护方面胜过他人"。因此，当今发达国家不少著名大企业深刻认识到，若希望将来能够继续存在，自身必须朝着绿色发展的目标转型蜕变，蜕变成有助于解决自然生存环境的建设者和贡献者。这是现代企业存在与发展的外在于内在要求的必然选择。

我们从现代企业发展的一般规律，揭示了现代企业绿色发展的历史必然性和现实必要性。如从发展战略来看，这是现代企业发展的根本性战略转变，实质上是现代企业由黑色企业与黑色发展向绿色企业与绿色发展的根本转变。这是中国现代企业在21世纪发展的自身需要和唯一选择，而就其特殊化来说，21世纪中国企业面临的现代化、生态化和知识化的三重挑战，与发达国家和其他发展中国家企业相比，实施绿色发展战略，推进绿色转变，不仅更为必要和更为紧迫，而且更为复杂和更为艰巨。当然，既要看到资本主义条件下的现代企业已经在实行绿色转变，朝着绿色发展的目标前进，更要看到中国社会主义条件下的现代企业，不仅应该而且能够更好地适应这种必然趋势和时代潮流，为我国企业真正作为可持续发展的微观主体开辟广阔的现实道路。

（2）我国企业实施绿色发展战略是从我国国情出发的必然选择。众所周知，人口、资源、环境的状况是一个国家最基本的国情。如果说，它们是当代人类生存和发展所面临的三大难题，那么可以说，这三大难题在我国更为突出，我国既是个人口大国，又是个环境大国。人口众多、资源相对不足，生态基础脆弱的现实国情，决定了我们在有中国特色的企业现代化建设事业中，必须而且也只能实施绿色发展战略。这是因为，人口众多、资源短缺，环境污染、生态退化已经成为影响我国经济和社会发展的重要因素。无论是当前还是今后相当长的时间内，这些生态因素都是影响我国企业发展方向及其产品结构和发展趋势的最重要、最突出的制约因素。理论和实践都充分表明，任何一个国家或地区，自然生态环境问题已由现代化经济发展和现代企业生产经营管理的外在因素成为内在因素。这就从根本上决定了我国企业在实现工业化和企业现代化的进程中，尤其在加强生态文明建设，走向社会主义生态文明新时代的进程中，必须而且只能探索绿色发展道路，实施绿色发展战略，有效推进绿色转变，把企业生产经营活动建立在人口、资源、环境良性循环的基础上，形成生态环境因素内部化格局，才能切实避免以牺牲环境和浪费资源为代价换取企业经济一时增长的先污染后治理的老路。

（3）企业实施绿色发展战略是我国企业转变经济发展、由追求数量增长向讲求质量增长提高转变的客观需要。一是总的来看，目前我国绝大多数企业仍然是一种高投入、高消耗、高污染、低产出、低质量、低效益的粗放型经济发展方式。使企业及其整个国民经济发展付出极大生态代价和社会成本，形成不可持续发展的黑色危机。二是长期以来，我国经济建设只注重数量增长、忽视经济发展质量，随着我国现代经济发展，必然会出现由数量型经济向质量型经济转变的新常态发展趋势。这两个方面都要求我国企业放弃传统发展战略，实行以改善人民生活质量为目的的绿色发展战略，把企业生产经营管理的重点放在转变粗放经营的经济发展方式上，逐步从现有以资源环境消耗型为基本内容的粗放型黑色经济方式转向以环境资源节约型为基本内容的集约型绿色经济发展方式。这是我国企业在 21 世纪更大发展的明智选择。

（4）传统企业发展只是依照"经济人"假定，把企业视为一个单纯地依赖市场的、以盈利为目标的经济组织，使企业发展仅仅限于经济增长和经济发展范围内。其实，现代企业发展，不单纯是经济增长和经济发展问题，而是经济、社会、科技、文化、生态、环境等多元的发展，并且经济发展必须同社会、科技、文化、自然生态环境的发展相互适应与相互协调。因此，从其客观必然性来说，现代企业的发展过程，应该表现为经济与生态、企业与环境、人、企业与自然的和谐协调发展过程。这种和谐协调发展过程，关键在于企业经济的发展必须同资源环境生态相适应、相协调，使企业发展建立在生态环境良性循环的基础上，形成经济发展与生态发展的良性循环关系，生态发展正在构成企业发展的目标，是衡量企业发展的质量、效益、水平和程度的客观标准之一。因此，21 世纪现代企业发展道路应该是生态与经济内在统一与协调发展的绿色道路，它在本质上是现代企业生态经济和谐协调可持续发展的道路。

这条绿色道路的出发点和最终目的，是保证满足人民的生态、物质和精神的全面需要，从而增进社会的福利，改善人民的生活质量。因此，现代企业生态经济和谐协调可持续发展的战略方针的核心应该是，在最大限度地通过市场满足社会需要，即人民的全面需要，促进社会的福利水平和生活质量的提高的同时，争取自身获得尽可能多的盈利，并达到生态效益、经济效益和社会效益的最优化。为企业存在与发展创造良好的内部条件和外部环境。这是企业生态责任的战略任务。

1.4.2　探索绿色发展道路，实行绿色转变，推进绿色发展，是现阶段企业生态责任的时代使命

1.4.2.1　五大发展理念为现代企业生产经营指明了方向和发展道路

在中国共产党的十八届五中全会上，审议通过的《中共中央关于制定国民经济和社会发展第十三个五年规划的建议》，提出了创新、协调、绿色、开放、共享的"五大发展理念"，将协调发展和绿色发展作为关系我国发展全局的一个重要理念，作为"十三五"乃至更长时期我国经济社会发展的一个基本理念，体现了中国共产党对经济社会发展规律认识的深化，对之前发展过程中出现的影响环境问题的反思，这种理念的推广将指引中国人民更好地实现人民富裕、国家富强、人与自然和谐发展的永续发展局面。可以说，"五大发展理念"的提出，是理性反思时代问题得出的结论，是准确把握时代脉搏的思想结晶，是在洞悉工业文明到生态文明跃迁的发展趋势和客观规律的基础上，促进人与自然和谐发展的推进社会主义现代化建设的时代使命。尤其绿色发展理念的提出和推广，更是顺应"生态兴则文明兴，生态衰则文明衰"的客观社会发展规律，提倡将"保护生态环境就是保护生产力，改善生态环境就是发展生产力"的自然生产力理论注入时代内涵。这是引领执政兴国伟业的发展理念，既立足当下，规划现实蓝图，又着眼长远，勾勒未来。习近平总书记指出，走向生态文明新时代，建设美丽中国，是实现中华民族伟大复兴中国梦的重要内容。从"盼温饱"到"盼环保"，从"求生存"到"求生态"，绿色正在装点当代中国人的新梦想。[①]推进绿色富国、绿色惠民、绿色生产是我党为建设美丽中国、切实担当其新时期执政兴国使命的重要任务。富国是强国之基，资源环境为富国之本；而治政之要在于安民，安民必先惠民。能够撑起这些理念的基础支撑就是推行绿色生产方式，在绿色生产过程中的企业是最关键的主要载体，这些理念的推进和实施必须通过企业的生产过程来完成。从另外一个角度讲，对于现代企业来说，推行绿色生产本身就是其必须践行绿色发展战略的重要时代使命。

1.4.2.2　推行绿色生产方式，实现绿色转变是现代企业的时代使命

理论和实践都表明，现代企业的经济活动与发展行为，只有从经济人转变成生态人的良性运转的轨道上，才能真正构建起绿色发展的经济体系，才能真正成为绿

---

① 任理轩：《坚持绿色发展》，2015 年 12 月 22 日《人民日报》，第 7 版。

色发展的微观主体，这种转移，刘思华教授将它定义为"企业再造转型"，"实质上是一场生态经济革命的'绿色转变'"[1]。这种转变必须进行下去，而且速度会越来越快，因为，21 世纪本身就是现代企业生产经营生态化、产品绿色化的世纪，生态环境问题已经成为影响和制约现代企业生产力发展的内在因素，甚至已经成为一些有前瞻性的先进企业新的创效点。企业要重视生态资本经营，更要突出绿色管理，企业的生产经营过程既要追求经济效益，更要追求生态效益；在重视开发绿色产品的同时，更要增加产品的生态含量；培育的企业核心竞争力中必须突出其企业生态能力和绿色发展能力，这样的企业再造与转型，才是真正的"绿色转变"，才会在未来的激烈竞争中立于不败之地，实现基业长青，才会在探索绿色发展道路上，迈向社会主义生态文明新时代。从世界市场看，实施可持续发展，推进绿色转变，是走向国际市场的通行证，是提升企业国际竞争力的重要"经济名片"。

---

① 刘思华：《企业经济可持续发展论》，北京：中国环境科学出版社，2002 年版，第 28 页。

第 2 章
企业生态责任的界定、演化与理论本质

　　要研究企业生态责任，首先要回答"企业是什么？""企业是做什么的？""企业生态责任和它所承载的其他责任之间是什么关系？"等一系列问题。事实上，对于这些问题的回答，一些专家学者和从事企业管理的大企业家等分别从各自研究的需要出发，从各自不同的角度给出了不同的答案，有些观点甚至截然相反。之所以会出现这种现象，本书认为，是因为研究者只是从企业生产运营过程中的现象到现象、过程到过程，为了证明自己所谓的观点而选择对自己有利的证据来证明，并没有深入到这种现象背后研究企业的本质，就"匆忙"给出了答案，是不负责任的。

　　如果要回答"企业是什么？"的问题，我们就要把企业放在一定历史背景下研究，要研究企业当时生存发展的客观环境和历史需求，而不仅仅是从所有权和使用权的关系讨论企业的本质问题。也就是说，企业的生存发展，在一定的历史时期，有这个时期特定的历史需求，是要为这个特定的历史时期承担相应的责任的，在原始文明和农业文明时期，以工场手工业为主的"企业"非常不发达，为了满足人们对工业产品的需要，加大产品产量是企业的主要责任，这期间尽管科技水平比较低，但由于企业生产主要以手工操作为主，对环境产生的影响几乎可以忽略；在工业文明时代，由于代表现代工业的蒸汽机等一系列工业机械的迅速发展，带动了工业革命快速发展，也加速了资本主义战胜封建主义的步伐，正如马克思在《共产党宣言》中所说的那样，"资产阶级在它不到一百年的阶级统治中所创造的生产力比过去一切时代创造的全部生产力还要多、还要大"。诚然，工业革命以机器生产取代人工生产，大大提高了企业的生产效率，为满足人类社会物质需要做出了贡献。随着科学技术水平的不断提高，企业的生产效率也越来越高，生产产品数量不断增加，同时消耗的能源和资源也在迅速增加，产生的废弃物也必然增加，出现今天的环境问题也就在所难免了。对于企业来说，在工业革命初期，为满足人们的物质需求，增加产品产量看上去无可厚非，仅从单个企业成本—收益角度看，经济利益实现了最大化，完成了企业的经济责任。如果从全社会整体看，在环境承载能力范围内，还可以"先污染后治理"，但治理污染所付出的代价是巨大的，是得不偿失的，一些无辜的群众是正在为这些企业的不负责任的"外部性"行为"埋单"，企业并没有尽到它所应承担的社会责任，更无法履行应该承担的生态责任。因此，在生态文明时代，企业应该是承担生态责任的主体，是承载着实现绿色转变、推进绿色发展的时代使命的"社会生态经济人"。

2.1　企业生态责任概念的界定

2.1.1　关于"企业是什么？"的回答

关于"企业是什么？"的回答始终未能达成一致，不同的研究者会从不同的角度给出不同的答案。目前，西方主流的企业理论是以制度经济学的创始人科斯为代表的企业理论，主要包括交易费用经济学和代理理论。交易费用经济学主要以资产专用性理论和间接定价理论为代表；而代理理论主要包括阿尔钦和德姆塞茨（Alchian and Demsetz，1972）的团队生产理论和委托—代理理论。一般认为，交易费用经济学在比较中说明企业和市场的关系和选择问题，主要考察的是企业的外部关系；而代理理论则集中分析了企业内部不同成员（包括监督者和被监督者、委托人和代理人等）的激励和风险分配问题，主要从企业的内部结构入手进行分析和研究；团队生产理论把企业看作是一种团队生产方式，由于团队成员的贡献无法精确地分解和度量，就产生了监督和监督的激励问题。后来以威廉姆森（O.Willamson，1975）为代表的资产专用性论、阿尔钦和德姆塞茨（Alchian and Demsetz，1972）从横向一体化角度关注企业内部结构问题的模型以及埃斯瓦瑞和克特威（Eswaran and Kotwal，1989）在斯蒂格利茨和威斯（Stiglitz and Joseph，1981）的信贷配给模型的基础上，从信息经济学角度建立了有关激励的模型，对古典资本主义企业的相关问题做出解释，直至我国学者张维迎提出的企业理论主要关心的问题有 3 个：第一，为什么会有企业？企业的本质是什么？第二，什么是企业所有权（ownership）或委托权（principalship，反映企业本身并无"所有者"的属性，以区别于财产的所有权，包括剩余索取权和控制权）的最优安排？第三，委托人（principal）和代理人（agent）之间的契约如何安排？委托人如何监督和控制代理人？等等。这些所谓的主流企业理论一定程度上都是为了自己的研究视角或建立自己的理论体系而定义的，因此，这些回答都在隐含一个前提——"经济人"假设理论下进行分析的。也就是说，在"经济人"假设的前提下，企业似乎已经独立于其存在的自然界和社会生态系统，是在完全脱离了生态经济系统的情况下，围绕能否创造利润以及怎样实现利润最大化而展开的，这些理论完全是工业化背景下的企业思维。事实已经证明，在这种理论指引下，我们生活的环境已经出现严重的生态危机，人类社会已经开始反思自己这种理论背景下的发展模式。

我们回到"企业是什么？"的问题，其实著名管理学大师彼得·德鲁克（Peter F. Drucker）早在 20 世纪 40 年代就这一问题已经给出了答案，当然，德鲁克研究的是具有一定规模的大公司。他说："公司的本质和目标不在于它的经济业绩，也不在于它形式上的准则，而是在于人与人之间的关系，包括公司成员之间的关系和公司与公司外部公民之间的关系。"①他认为，公司是一个社会机构，机构是社会的一员，必须根据它与所处社会的功能性要求之间的关系进行分析。并且强调要把公司放在社会的背景中从 3 个层面对公司等机构进行分析。也就是说，如果企业是以追求利润最大化为目标的团体，那么他的主导价值观就是经济效益。事实上，经济的持续发展仅仅靠企业的物质动力是无法解释清楚的，企业价值目标的提出也不是随心所欲的，它应该依据市场经济的发展规律、市场需求状况的调查以及该企业的

---

① [美]彼得·德鲁克（Peter F. Drucker）：《公司的概念》（慕凤丽译），北京：机械工业出版社，2008 年版，第 12 页。需要澄清一个问题：德鲁克研究的公司是指有一定规模的大企业，本书研究的企业生态责任中的"企业"是指包括大公司在内的所有企业。有观点认为企业只有达到一定的生产规模后，才可能有精力和能力考虑承担相应的社会责任，听起来似乎有一定道理，其实质是在偷换概念，在为一些小企业逃脱社会责任进行开脱。企业社会责任包含的内容很丰富，我们不能仅仅因为企业规模较小就可以放纵其生产假冒伪劣产品、为消费者提供虚假信息等行为，尤其在生态责任方面更是如此，无论规模大小，企业为社会提供合格耐用的绿色消费品本身就是在履行生态责任。

实际发展情况而定。同时，企业的活动本身就是社会性的经济活动，只有得到社会的认可，企业的利益才能得到实现。"企业的最终目的不是、也不应该只是赚钱，它也不应该仅仅只是一个制造物品和出售物品的系统。企业的出路在于通过服务、富有创造性的发明和高尚的道德伦理来为人类普遍造福。"①

以上关于企业概念的界定，都是工业文明背景下的传统企业概念与理论，其研究的结论也是在这种背景下得出的。今天看来，这些对企业概念的回答都无法真正反映生态文明时代的现代企业的本质内涵和固有属性。在21世纪的生态文明时代，生态利益已经成为全人类的最高利益，也必将成为现代企业生产经营的最高目标。这也对现代企业本身提出了更高的要求，也就是说，现代企业首先是一个能够承担生态责任的"社会生态经济人"，是一个生态经济实体，是以人为主体的生态系统，是优化物质、人力和生态资本的配置主体，是创造物质、精神和生态财富的实践主体，是谋取经济利益、社会利益和生态利益协调优化，追求可持续发展的组织②。这个定义所反映的内涵及特点都是现代企业的本质内涵和固有属性，也是对生态文明时代的现代企业概念的最好诠释。

所以，企业对自己存在和发展的目的、意义、重要性及社会价值必须有一个正确的认识，并把企业的经营同国家的命运、社会的责任及生存的环境联系起来，有一种高尚的价值目标和价值观念作为支撑，这样的企业才能不断得到发展。既然如此，我们跳出企业概念本身，继续追问一个问题，企业在进行生产经营的经济活动时，应该扮演什么样的角色？对于其存在的自然环境承担哪些责任？企业作为社会机构，是一个独立的法人实体，具有鲜明的主体性，对于其在社会活动中的行为承担责任是企业从诞生之日起就应该做的。

2.1.2 企业生态责任的提出与形成的历史考察

在竞争日益激烈的现代市场经济社会，如何使自己变得更有生命力是每个企业都无法回避并必须思考的问题。一般而言，一个企业得以继续生存下去的基本条件是企业所提供的产品或者服务能够从消费者角度出发，以消费者为本，很好地满足

---

① [美]保罗·霍肯（Paul Hawken）：《商业生态学（1994）》（夏善晨、余继英、方堃译），上海：上海译文出版社，2006年版，第1页。

② 刘思华：《企业经济可持续发展论》，北京：中国环境科学出版社，2002年版，第2～16页。

消费者的消费需求，得到消费者的认同。同时，做好环境保护，节约使用能源与其他人力、物力等社会资源，形成产品生产与环境保护、节约资源相结合的发展模式，这样的企业才是一个负责任的企业，才会得到社会的支持和认可，才能真正实现其健康持续发展，保持其旺盛的生命力。

2.1.2.1 企业责任

"责任"一词，其字面含义按照汉语大词典的解释有 3 个方面：①使人承担起某种职务和职责；②分内应做的事；③做不好分内应做的事，因而应该承担的过失。[①]这三方面含义都隐含着一个基本前提，那就是责任的主体应该是"人"，也就是说这个主体应该有行为认知能力。若把范围加以扩大，企业是社会活动的机构，是市场活动主体，有独立行为能力，是独立的法人，应该对其在市场和社会中的活动承担必要的责任，这就是企业责任。由于传统企业理论是在"经济人"假设前提下研究企业行为的，所以，认为企业的责任就是根据市场变化调整自己的生产战略，为股东谋求最大利益，即经济责任。这种理论在物质财富不是很丰富的状态下，得到人们的认可是无可非议的。由于整个社会物质财富还不够丰富，人们的生活水准还没有达到方便和富裕的程度，企业为使人们生活得更加方便，生产出人们所需的生活必需品，满足人们最基本的生活需要，并且随着生产技术的不断提高，产品设计越来越人性化。另外，由于资本不断扩张而日渐强大，加上资本逐利的本性，"资本雇佣劳动"已成为不争的事实，在这样的背景下，企业经营者围绕股东的"利益最大化"而制定企业的发展战略也就不难理解了，"经济人"在这样的背景下受追捧也就再正常不过了。

随着经济社会不断发展和进步，对企业的认识也在不断完善，企业是构成社会的微观主体，其活动离不开周围的环境，所以，单纯的经济责任已经不能解释企业在社会中的一些行为。用彼得·德鲁克（Peter F. Drucker）的话讲：我们可以从几个方面来定义公司与社会之间的关系。从法律上讲，我们可以说公司是国家的产物，为了社会的利益而被赋予了合法的存在和合法的权力与特征。我们也可以借用政治分析家的术语，把公司说成是必须实现基本社会目标、有组织社会的机构。或从经济角度讲，公司是一个组织工业资源进行有效生产的单位。无论用何术语，大公司都是社会的工具和器官。因此，社会必须要求公司能履行特殊的经济功能，这是其

---

① 《汉语大词典简编》，北京：汉语大词典出版社，1998 年版，第 2456 页。

存在的理由，这是个至高无上、不容置疑的要求，就像公司必须满足自身的运作和生存需要一样。[①]所以企业是"生产性组织"，这一点是毋庸置疑的。同时，企业又是社会性组织。因为企业的生产离不开社会，企业的生产需要工人的劳动，生产的产品也必须得到消费者的认可才有市场，企业生产用的原材料和燃料需要从其他企业购买，而这些原材料和燃料最终源于大自然，所以，企业要承担社会责任也是毋庸置疑的。这时的企业已经从单纯的"经济人"发展成为要承担社会责任（包括与企业有关的利益相关者的利益、劳工问题、环保问题等）的"社会人"。在这些社会责任中有一个非常重要的概念——企业生态责任以前一直被忽视，当人们面对全球性的环境问题时，这一概念变得格外显眼。我们这里说的企业生态责任属于狭义的概念，就是企业对资源的不可持续性利用和对生产废弃物的排放给生态环境造成的破坏所应承担的责任。对于这一核心理念的忽视，致使我们犯了很多错误，舍本逐末，使得社会发展偏离了轨道，尤其在对待环境问题上更应如此。以水土流失为例，"土壤侵蚀对土地生产力影响的许多研究表明，每流失 1 英寸[②]厚的表土，平均使玉米或小麦减产 6%。自然界需要几百年的时间才能生成 1 英寸表土，如果以人的寿命为时间尺度，当今的水土流失是不可逆转的"[③]，所以说，环境问题是不可逆的，一旦被破坏，恢复的可能性非常小，而且路途非常艰难，要付出更多的努力甚至上百年的时间。尽管目前对于环境问题的重视程度超过任何历史时期，但有些遗憾的是这些行为主体（包括政府、企业等）关于环境采取的措施往往是在迫于压力的条件下不得不采取的一种做法，而非发自内心的彻底改变。其根本性原因在于这些行为主体还是认为自然环境对于自己而言就是"公地"，可"公地悲剧"[④]已经发生，却还存有侥幸心理，是非常可怕的事实。所以，笔者认为，企业不仅要承担

---

① [美]彼得·德鲁克（Peter F. Drucker）：《公司的概念》（慕凤丽译），北京：机械工业出版社，2008 年版，第 173 页。

② 英寸（inch，缩写为 in），一般换算成厘米是 1in=2.54 cm。

③ [美]莱斯特·R. 布朗：《生态经济——有利于地球的经济构想》（林自新、戢守志译），上海：东方出版社，2002 年版，第 69 页。

④ 西方经济学中有一个著名的原理"公地悲剧"。公地（commons）制度是英国中古时期的一种土地制度——封建主在自己的领地中划出一片尚未耕种的土地作为牧场，无偿提供给当地的牧民。由于是无偿放牧，每一个牧民都想尽可能增加自己的牛羊数量，随着牛羊数量无节制地增加，牧场最终因过度放牧而成了不毛之地。由此，1968 年，美国学者哈丁在《公地的悲剧》一文中指出，人类过度地使用空气、水、海洋水产等看似免费的资源，必将付出无形而巨大的代价。在人的现实关系中，人与自然的关系是最直接、最根本的关系。在人与自然如何相处的思考中，人类把"征服和改造"看作是自己神圣的使命。

经济责任，更要承担社会责任，尤其对于能改变企业观念的生态责任的重视程度必须加强，这样才能从根本上解决环境问题。

2.1.2.2 企业社会责任

现代企业社会责任概念构建的标志。鲍恩明确提出两个不同的概念，一是"企业"（business），具体指当时的数百家大公司，可以统称为大企业；二是"商人"（businessman），鲍恩用于指这些大公司的经理和董事。而"社会责任原则"（doctrine of social responsibility）在鲍恩（Howad R. Bowen，1953）看来指的是一种思想，他认为商人自愿承担社会责任是改善经济问题和更好地实现我们追求的经济目标的可行方法。所以，鲍恩定义"商人的社会责任"为"商人具有按照社会的目标和价值观去确定政策、做出决策和采取行动的义务"。①

另一个对企业社会责任做出贡献的是基思·戴维斯（1960，1966，1967，1975），他曾在 20 世纪 60 年代到 70 年代的将近 20 年的时间通过一系列文章和著作讨论企业社会责任问题，他的贡献主要体现在两个方面：一是发展出所谓的"责任的铁律"；二是提出了公司社会责任的五条定理。他借用了鲍恩（Howad R. Bowen，1953）中的"商人"一词。戴维斯认为实际上是商人而不是企业在做社会责任的决定，商人决定商业机构的目标和政策，商业机构只是提供给商人一个文化框架、指导政策以及特殊的利益。因此，戴维斯（Davis，1960）认为公司社会责任具有两面性：一面是公司社会责任的经济性，由于商人管理的是社会中的经济组织，所以他们在影响公共福利的经济发展方面对社会负有很大的责任；另一面是公司社会责任的非经济性，商人同时负有培养和发展人类价值观的责任，这是截然不同的一类社会责任，无法用经济价值的标准进行衡量。所以，戴维斯（Davis，1960）指出，公司社会责任意味着公司对他人具有"社会—经济"和"社会—人类"两种义务，而通常大家都忽略了"社会—人类"义务，如果深入分析社会责任的"社会—人类"义务，那就必须具有"责任与权力形影相随"的观点，这一点产生了所谓的"责任铁律"

---

① Bowen Howad R，Social Responsibilities of Businessman，New York：Harper & Row，1953，p.6.在提出这个定义时，鲍文引用了《财富》杂志在 1946 年做的一个调查，在这个调查中，《财富》杂志的编辑认为，公司社会责任或者社会意识，意味着商人对他们的行为的结果承担超越公司财务报表范围的责任。调查显示，当时有 93.5%的商人对此表示认同。

（iron of law）[①]，具体包括 3 个要点：一是责任与权力联系在一起，从历史上看，责任与权力形影相随的观点与人类文明史一样悠长；二是责任越小，权利越小；三是企业的非经济价值。并且，他还在 20 世纪 70 年代提出了公司社会责任的 5 条定理：定理一，社会责任来自社会权力；定理二，企业应该作为一个双向开放的系统来经营，一方面接受来自社会的投入，另一方面向公众公开其经济结果；定理三，企业在进行有关活动、产品和服务决策时应全面计算和考虑社会成本和社会收益；定理四，社会成本应计入活动、产品和服务的价格中，这样消费者就能支付他对社会的耗费；定理五，企业作为公民，除承担社会成本外，还有责任在社会需要的地方尽其所能地参与其中。[②]其实，戴维斯在这里已经突破了传统的观念，认为企业是单纯的"经济人"的分析模式，在戴维斯的眼里，企业已经或者应该是承担相应社会责任的"社会人"。在分析完五大定理后，戴维斯总结道："有社会责任感的组织在保护和提高社会生活质量的同时也保护和提高自身的生存质量。从本质上看，生活质量是指人们在多大程度上生活在与自己内心、与他人以及与自然环境的和谐之中。企业对于这些和谐，尤其是后两种和谐起着重大的影响作用。如果企业能够从一个更大的系统中看待问题，就可以促进人与人之间、人与环境之间的和谐。"[③]可见，戴维斯已经意识到问题存在的根本原因，那就是我们研究企业行为问题的视角只是局限于经济系统本身，而环境问题本身已经超出了经济系统，如果把经济系统放在整个生态系统考虑问题的话，也许看问题的视角就会发生根本性转变，得出的结论也会大相径庭。

著名管理学家斯蒂芬•P.罗宾斯在其出版的《管理学》中给企业社会责任也下了一个比较明确的定义，强调企业社会责任更多的是一种道德上的责任。他指出：企业社会责任是企业追求有利于社会的长远目标的义务，而不是法律和经济所要求的义务。他区分了社会责任与社会义务，认为企业只要履行了经济和法律责任，就算履行了社会义务，而社会责任则是在社会义务的基础上加了一个道德责任。[④]范

---

① Davis，Keith，"Can Business Afford to Ignore Social Responsibilities？" *California Managemennt Review*，1960，2，p.70-76；Davis，Keith，*Understanding the Social Responsibility Puzzle：What the Businessm*an Owe to Society？Business Horizon，1967，pp.45-50.

② Davis，Keith，*Five Propositions for Social Responsibility*，Business Horizon，1975，pp.19-24

③ Davis，Keith，*Five Propositions for Social Responsibility*，Business Horizon，1975，pp.24.

④ Stephen P. Robbins & Mary Coultar：Management（Fifth Edition），Prentice Hall，1996，北京：清华大学出版社，1997 年影印版，第 148～149 页。

德比尔特大学欧文管理学院教授理查德·L.达夫特博士认为，企业社会责任是指企业组织有义务使自己的决策和行为有利于全社会的福利与利益，它意味着要做一个好的企业公民，要明辨是非、做正确的事。[①]另一位经济学家哈罗德·孔茨也认为，企业的社会责任就是企业要从道义上认真地考虑自己的一举一动对社会的影响。[②]哈佛商学院教授林恩·夏普·佩因在其著作《公司道德——高绩效企业的基石》中将社会责任作为所有非财务责任的总称，强调对基本道德准则和社会价值观的遵守是企业社会责任的核心。[③]

著名经济伦理学家乔治·恩德勒在他的《面向行动的经济伦理学》中借用了保罗·萨缪尔森关于"公共物品"的分析性定义，从另外一个角度揭示了企业应该对环境负有的保护之责。"公共品是指这样一类商品：将该商品的效用扩展于他人的成本为零，因而也无法排除他人共享，"将"公共品"的概念扩展到信息、风险和秩序等领域，他将公共物品广义地理解为"社会和个人生活以及追求经济活动的可能性的条件"。环境显然是最典型的公共品，对环境的保护就是每一个组织、每一个企业和每一个公民的责任。[④]如果不愿承担对环境的保护之责而肆意地污染环境，那就意味着全球经济中公共物品资源的损害，从而丧失社会和个人生活以及追求经济活动的可能性的条件。

自由经济的代表弗里德曼（1962）先生则以反对者的姿态站在他一贯信奉和宣扬的自由经济的立场对公司社会责任进行诠释。他首先澄清了公司社会责任的承担者是管理者而不是公司；其次，他区分了公司管理者作为委托人和代理人履行社会责任的不同意义，并旗帜鲜明地声称"在自由经济中，企业有且仅有一个社会责任，那就是要使用其资源并从事经营活动以增加利润。[⑤]曼尼（1972）则批评公司社会责任的支持者"从来不去关心给公司社会责任一个清晰的定义"，因为他们只在意宣扬自己的某些观点。曼尼（1972）提出，公司社会责任的概念必须包括 3 个要素：第一个要素是，公司社会责任的支出或行动给公司带来的边际回报低于其他支出的

[①] 理查德·L.达夫特：《管理学原理》（高增安、马永红译），北京：机械工业出版社，2005 年版，第 71 页。

[②] 哈罗德·孔茨：《管理学》（郝国华等译），北京：经济科学出版社，1993 年版，第 689 页。

[③] 林恩·夏普·佩因：《公司道德——高绩效企业的基石》（杨涤等译），北京：机械工业出版社，2004 年版，前言第 4 页。

[④] 杨团、葛道顺：《公司与社会公益 II》，北京：社会科学文献出版社，2003 年版，第 114 页。

[⑤] 转引自沈洪涛、沈艺峰：《公司社会责任思想起源于演变》，上海：上海人民出版社，2007 年版，第 58 页。

回报。这并不意味着公司承担社会责任就赔钱，只是少赚了钱；第二个要素是，公司社会责任的行为必须是自愿的；第三个要素是公司社会责任的行为必须是公司行为而不是个人行为。[①]

卡罗尔（Archie B. Carroll）则用金字塔形状描述企业社会责任，他把企业社会责任划分 4 个方面，即企业的经济责任、法律责任、伦理责任和自由决定的责任，试图从企业社会责任定义把社会对企业的经济、法律期望与一些更具社会导向的关注联系起来。可用如下公式表示：

经济责任＋法律责任＋伦理责任＋慈善责任＝企业的所有社会责任

为了更加形象地说明自己的企业社会责任定义，卡罗尔还设计了企业社会责任金字塔（图 2-1）。

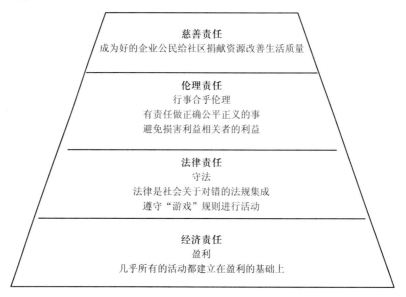

图 2-1　企业社会责任金字塔

卡罗尔的金字塔图描绘了企业社会责任的 4 个层次：经济责任是基本责任，处于这个金字塔的底部；同时，期望企业遵守法律，法律是社会关于可接受和不可接受行为的法规集成；再上去就是企业伦理责任这一层，这一层次上，企业有义务去做那些正确的、正义的、公平的事情，还要避免或尽量减少对利益相关者的损害；

---

① 转引自沈洪涛、沈艺峰：《公司社会责任思想起源于演变》，上海：上海人民出版社，2007 年版，第 59 页。

在该金字塔的最上层，寄望企业成为一位好的企业公民，也就是说期望企业履行其自愿/自由决定或慈善责任，为社区生活质量的改善做出财力和人力资源方面的贡献。①需要指出的是，卡罗尔认为，在运用他的金字塔模型时不应该认为企业的 4 种责任是按照由低到高的次序来履行的，恰恰相反，企业是同时履行其所有的社会责任的。同时，他也明确提出，伦理责任和慈善责任与我们一般所讲的企业社会责任有着更直接的针对性。

2.1.2.3 企业生态责任

企业承担生态责任本质上就是从企业这个市场经济中最具活力和代表性的市场主体出发，把经济学和生态学统一在一起，使我们生活的地球之舟能永远保持旺盛的绿色生命力，最终实现人类社会生存环境的可持续发展。近年来的生态经济学的迅速发展就已经证明传统的经济发展理念已经不能满足人类生存环境的可持续发展的根本要求。如果我们从词根上勘察，经济学（economics）和生态学（e-cology）是来自同一词根"生态（e-co）"——源自希腊词汇"oikos"，本意是"家"。生态学是家的学问，经济学是家的管理。生态学家所要做的是确定生命能够旺盛和生存的条件和法则。不列颠哥伦比亚大学可持续发展名誉教授大卫·铃木先生 2008 年 3 月在伦敦发表的演讲《21 世纪的挑战：建立真正的底线》中呼吁"把生态学重新引入经济学"，他说："大自然履行着各种各样的工作。……大自然制造土壤，参与氮循环、碳循环和水循环。大自然所做的这一切都具有经济价值，但是经济学家却称其为'外部因素'，意思是经济方程式中没有这些。经济学家把维持我们生存的真实世界外在化了。""我们在散布一种错误的观念：耗尽我们子孙享有的遗产，一切无妨。但这是不可持续的，是自杀性的。……我们必须建立新的底线，这一底线应服从于我们是生物这一现实，完全取决于关系到我们的生存和福祉的清洁空气、清洁水、清洁土壤、清洁能源和生物多样性。……我们依然是有灵性的生命，在生育我们的自然界需要圣地。"②美国地球政策研究所莱斯特·R. 布朗也强调要建立"一个能维系环境永续不衰的经济——生态经济，要求经济政策的形成，要以生态原理建立的框架为基础"，他认为"经济学家和生态学家携起手来就可以构建出一种经济，一种可持续发展的经济"，而且很乐观地认为"越来越多的经济学家正在

---

① 阿奇·B. 卡罗尔（Archie B. Carroll）、安·K. 巴克霍尔茨（Ann K.Buchholtz）：《企业与社会——伦理与利益相关者管理》（黄煜平、李春玲等译），北京：机械工业出版社，2004 年版，第 23～27 页。

② http://www.chi-nadialogue.net.

寻求使市场得以表达生态学真理的途径",并期望生态学与经济学结合形成,"合二为一的新学科,新学科的建设是一个以可持续发展的世界为己任的"。[①]这一理念的实质是要求企业承担生态责任,企业承担生态责任的最终目的就是要求企业不能是单纯以盈利为目的的"经济人",而应是勇于承担社会责任的"社会人",并最终朝向"生态人"进一步的发展和完善。也就是说,企业要把自己定位于首先是经济系统的基本构成单位,同时也是生态系统中的一分子,其行为要符合"生态人"的标准和要求,在生态人假设条件下规范自己的行为。

关于企业生态责任的研究文献目前还非常有限,这一概念最早应追溯到生产者责任延伸(extended producer responsibility)一词,它是瑞典籍环境经济学家托马斯·林德丘斯特(Thomas Lindquist)在 1990 年向瑞典环境与自然资源部提交的一份报告中提出的。其本意是生产者(企业)的责任应该延伸至整个产品的生命周期,包括产品对环境的影响等,特别强调对产品的回收、再循环利用与处置,[②]实际上要求企业在产品的整个生命周期过程中对产品承担某种责任。欧盟将生产者责任延伸定义为生产者必须负责产品使用完毕后的回收、再生或弃置;经济合作与发展组织(OECD)的定义是,产品生产者的责任延伸至产品消费后的阶段,包括将废弃物回收及处理责任由地方政府转移至生产者,并鼓励生产者将环境因素纳入到产品设计中。[③]美国采用的是"产品责任延伸"(extended product responsibility)概念,并认为它来源于生产者责任延伸。无论是生产者责任延伸还是产品责任延伸,其基本理念是将产品管理的责任从以"产品"为中心转移到原材料的选择、产品制造和使用以及产品废物的回收、再生、处置全过程,其责任主体由原材料供应者、产品设计者、生产者、分销商、零售商、消费者、回收者、再生者和处置者以及政府共同组成,都是对传统经济理论中企业行为责任范围的扩大,其实质上是要求企业应当对自己的行为承担更多的生态责任。

企业生态责任是企业绿色发展理论的题中应有之义。根据我国一些学者的研究,笔者认为,企业生态责任的表述应当是企业对自然生态环境的生态责任,对社会与市场的生态责任,对企业职工与公众的生态责任。它客观要求企业应以生态和谐为价值取向,走高能、低污染甚至是零污染、低消耗的产品生产之路,为消费者

① 莱斯特·R. 布朗:《生态经济:有利于地球的经济构想》,北京,东方出版社,2002 年版,第 2~5 页。
② 张坤民:《循环经济理论与实践》,北京:中国环境科学出版社,2003 年版,第 98 页。
③ 吴季松:《循环经济——全面建设小康社会的必由之路》,北京:北京出版社,2003 年版,第 47 页。

提供绿色产品和绿色服务的同时，自觉地保护自然资源，改善生态环境并维护"代际公平"，不能以牺牲后代人的利益来满足当代人的利益；尤其是利用道德手段推进人与自然、人与人、人与社会之间的和谐协调发展，即绿色发展。特别是在经济全球化迅速发展的今天，跨国公司贸易总额已经占有世界市场贸易总 90% 以上的份额，企业（尤其以跨国公司为首的大公司）已经成为影响世界经济及人类社会发展的重要因素，它们的行为已经在直接或间接地影响着生活在地球上的每一个人。企业发展对社会的"溢出效应"和现代社会本身的发展都要求企业重塑自身的价值，重新确立存在于社会的合理性根据，以一种对人类的幸福生活和社会的健康发展更加负责的姿态存在于社会，而不仅仅是创造财富。"人们期望今天的企业不仅能创造财富，生产和提供优质的产品和服务，而且还要成为道德角色的表率——作为在道德框架下开展业务的深具责任心的代表。因此，人们希望它们能够坚守基本的道德准则，在开展业务的过程中坚持价值判断。为自己的所作所为包括好事和坏事承担责任，对他人的利益和需要做出积极反馈，管理自己的价值体系和承诺。"[①]而要使企业真正实现上述转变，必须从根本上对企业行为进行规范，那么承担生态责任也就是题中应有之义了。

2.2　企业生态责任的演化

　　企业生态责任源于企业社会责任，而企业社会责任也并不是随着企业的产生而产生的，作为一种商业伦理理念，其思想可以说源远流长，甚至可以追溯到古代的商人社会观，但作为一种理论是在 20 世纪上半叶针对企业片面追求利润最大化而造成的一系列社会问题才被正式提出，这就是说，企业社会责任是有其时代背景和一定历史意义的，"企业社会责任是逐步演进的，唯有置身于一定历史背景中，才能真正领会企业社会责任运动的完整意义"[②]。企业社会责任包含的内容很多，其中企业生态责任在今天看来显得越来越重要。企业生态责任是在当今环境问题越来越突出的背景下提出的，目的就是从根源上解决资源的可持续利用问题，减少污染

---

① [美]林恩·夏普·佩因：《公司道德——高绩效企业的基石》（杨涤等译），北京：机械工业出版社，2004年版，前言第 4 页。

② Dr Saleem Sheikh, *Corporate Social Responsibility: Law and Practice*, Cavendish Publishing Limited, 1996, p.9.转引自卢代富：《企业社会责任的经济学与法学分析》，北京：法律出版社，2002 年版，第 30 页。

排放，进而实现经济社会可持续发展。企业生态责任与社会责任是一脉相承的，是企业责任发展到现代社会的必然，因而，研究企业生态责任的历史演进，不能割断其历史渊源。基于此，本章将探究企业生态责任之源。

2.2.1　从商人社会责任到企业社会责任

从古代社会直到工业化社会到来之前，人类生活在漫长的农业社会中，社会活动的基本单元是小农经济，尽管商业活动已经开始，但由于社会活动以农业为主，商人的社会地位也非常低下，"甚至比奴隶高不了多少"，以牟利为目的的商业活动被严加排斥，占统治地位的商业伦理观强调的是社区精神，"商业被寄予为社会提供社区服务之期望，对非道德的商业行为适用陶片放逐制度加以制裁并不是不可思议的"。①可见，强大的社区精神和压力迫使商人在商业活动中以维护和增进社会公众的利益为己任，广泛开展社会活动，追求社会利益。

到了中世纪，教会的力量异常强大，基督教神学的思想统治着人们的思想，教会的价值观对界定商人的社会角色起着决定性作用。由于教会对商业和商业活动的不信任，认为逐利行为是反基督精神的，在这一思想观念下，商业营利的道德性备受质疑，商业也被教会定位为只为社会公共利益而存在。至于商人，则必须绝对诚实，而其义务又远远超过了诚实的一般要求，由于受教会思想的严格控制，以至于商人们开始怀疑自己存在的道德价值。②难怪新自由主义学派代表人物哈耶克对当时社会现象描述时，认为当时的"商人的形象总是不光彩的、遭人鄙弃的，贱买贵卖被看作是最根本的不忠"③，马克思·韦伯也认为，"把赚钱看作是人人都必须追求的自身目的，看作是一项职业，这种观念是与所有那时代的伦理情感相背道而驰的"④。

到重商主义时代，由于文艺复兴运动改变了教会统治下的鄙视商业和商人的观

---

① N. Eberstadt, What History Tells Us About Corporate Social Responsibilities, *Business and Society Review*, 1978, p18.; See also Dr Saleem Sheikh, *Corporate Social Responsibility: Law and Practice*, Cavendish Publishing Limited, 1996, p.10.转引自卢代富：《企业社会责任的经济学与法学分析》，北京：法律出版社，2002 年版，第 31 页。

② 转引自卢代富：《企业社会责任的经济学与法学分析》，北京：法律出版社，2002 年版，第 31~32 页。

③ [英]哈耶克：《不幸的观念》（刘戟锋、张来举译），北京：东方出版社，1991 年版，第 127 页。

④ [德]马克思·韦伯：《新教伦理与资本主义精神》（于晓、陈维纲译），上海：上海三联书店，1987 年版，第 53 页。

念，取而代之的是现世主义（secularism），动摇了中世纪社会价值观念中对商人逐利的偏见。使商人的地位和商人的社会责任得到了共同提升，重商主义基于只有金银才是真正的财富、唯有对外贸易出超才能增加国家财富的认知，主张国家干预经济生活，从而在大力发展国内实业以增加国际上适销对路的产品。这不仅使商人的社会地位得到提升，而且也使商人的社会责任得到强化。同时，在重商主义时期，企业得到了快速发展，国家一方面通过以国库资金对企业提供资助等办法壮大企业实力；另一方面对于那些于公共利益有重要作用的企业，则通过赋予其公司地位等措施，使其享有有限责任及独立法律人格的特权，[①]实际上，企业已经成了主要服务于政府从国外获取利润的准公共企业（quasi-public enterprise）[②]。这时企业所扮演的角色，是一种以企业为承担主体的社会责任，与今天的社会责任是有所差别的。

18 世纪 60 年代后西方世界产业革命的快速发展标志着人类社会开始步入工业化时代。产业革命不仅使得工商业获得长足发展，产生了现代意义上的企业，同时在意识形态领域业发生了相当大的变化。1776 年亚当· 斯密的《国民财富的性质和原因分析》的公开出版，标志着古典经济理论的形成，这种自由放任的经济思想受到社会的普遍青睐，并为资本主义国家的经济政策制定者所追捧，在此背景下，利润最大化成为经济主体行为最高乃至唯一的指导原则。认为经济主体自身的利益最大化自然带来整个社会的普遍福利的增加，因为企业社会责任被异化为以单纯追求经济效益为中心的经济责任，这也成为古典经济学自由放仜经济的理论支撑；认为"在自由经济中，企业有且仅有一个社会责任——只要它处在游戏规则中，也就是处在开放、自由和没有欺诈的竞争中，那就是要使用其资源并从事经济活动以增加利润"[③]，企业为社会创造物质财富就是最大的社会责任，至于本来意义上的社会责任所关注的法律、伦理及公益等事项，则变成次要甚至可以忽略的地位，这种异化的商人社会观为后来诸多社会问题的出现埋下了隐患，并最终成为直接影响人类社会发展和进步的环境问题的"始作俑者"。当诸多社会问题因企业行为纷纷出现并且呈愈演愈烈之势时，重新审视企业行为的现代意义上的企业社会责任观的出

---

① Dr Saleem Sheikh，*Corporate Social Responsibility：Law and Practice*，Cavendish Publishing Limited，1996，p.10. 转引自卢代富：《企业社会责任的经济学与法学分析》，北京：法律出版社，2002 年版，第 33～34 页。

② Clarence C.Walton，*Corporate Social Responsibility*，Wadsworth Publishing Company，Inc，1967，p.26.

③ Friedman Milton，*Capitalism and Freedom*，Chicago：University of Chicago Press，1962，p.133.

现也就变成了顺理成章的事情。在这一过程中，表面上，企业为社会创造了巨大的物质财富，用马克思的话讲，"在他不到一百年的时间里，生产了比过去所有时间创造的财富都多得多的……"，但整个社会的总体福利并未明显增加，而且社会问题严重，环境问题突出。可见，评价企业社会贡献的大小，仅仅靠物质财富这一指标来衡量，是有失偏颇的。

2.2.2　从企业社会责任到企业生态责任

尽管现代意义上的企业社会责任是从早期的商人社会责任演化而来的，但企业社会责任所包括的具体内涵却发生了很大变化。企业社会责任是以企业本身为责任主体，通过相应的制度安排确立企业对社会所应承担的法律的、伦理的以及其他社会责任，力求塑造"对社会负责任的企业"（socially responsible enterprises or socially responsible corporations），并且关注的视野已经超出商人社会责任所面对的特定的社区范围，涉及包括企业利益相关者在内的企业之外的公共利益。公共利益关乎生活在一定区域内的任何组织和个人，这些组织和个人对于公共利益负有不可推卸的责任，企业更不应成为例外。最大的公共利益就是生态环境的改善。当一个地区或者一条河流的水被污染了，表面上的受害者是生活在这一流域的人和其他物种，而实质上是整个地球环境中的生物（包括人类本身）甚至微生物等，因为生活在地球上的人是在不停地流动着、各种物种也在不断地迁徙，更何况空气的流动从未停息，源自蒙古国的沙尘暴已经飘到了美国的西海岸，生活在南极的企鹅体内已经发现了农药的残留物，等等。这些事实已经证明保护环境这个最大的公共利益问题的严重性、涉及范围的宽泛性。正如前面所述，尽管企业是社会财富的创造者，但仅仅用创造财富的多少衡量企业的行为对社会的贡献，未免过于片面，今天的企业随着社会的发展和进步已不是单纯的"经济人"，俨然已经成为社会的重要组成部分，不仅是承担社会责任的相对完整的"社会人"，更是逐渐朝着承担生态责任的、更加完善的"生态人"发展，这是社会的进步，是历史发展的需要，也是人类文明发展的必然结果。

2.3 树立社会生态经济人新观念，深刻认识企业生态责任的理论本质和实践主旨

2.3.1 工业文明的传统经济理论存在严重的生态缺位

一般认为传统经济理论是以"经济人"假设为前提的。"经济人"假设是在亚当·斯密（Adam Smith）[①]于 1776 年出版的《国民财富的性质和原因的研究》中首次提出的，进而成为古典经济学研究的基本前提。他认为，每个从事经济活动的"人"都是"经济人"，"经济人"的最终目标就是追求利润最大化。"我们每天所需的食物和饮料，不是出自屠户、酿酒师和烙面师的恩惠，而是出自他们自利的打算。我们不说唤起他们利他心的话，而说唤起他们利己心的话。"[②]亚当·斯密这里说的"经济人"不仅包括自然人，也包括法人。他认为，"利己性"是"经济人"的本性，"利己心"是每个人从事经济活动的动机，是一种利润动机。可以肯定地说，亚当·斯密对"经济人"的描述和理解是完全正确的，因为，在斯密生活的年代以及之前的年代，是属于"空的世界"，经济只占生态系统很小的比例，自然资本被认为是取之不尽并且成本很低廉，限制经济发展的因素是"人造资本"[③]，从事市场

[①] 我国对于亚当·斯密（Adam Smith）的认识和研究一般认为经历了 3 个阶段。第一阶段是改革开放前，因为在马克思的著作中被提及，他的思想成为马克思主力理论的三大理论渊源之一，但对于他的思想研究我们是持批判地接受，功过各半的态度；第二阶段是改革开放后，西方思潮的快速涌入，一些学者及相关决策者为改革开放寻找理论支撑，不再仅仅因为研究马克思而去研究亚当·斯密，甚至有时其理论被作为政治主张而推出，"看不见的手"的作用及"经济人"理论被夸大，经常成为一些人推行西方经济理论的"挡箭牌"，这时段对于他的思想基本上是"全盘接受"；第三阶段是 20 世纪 90 年代初的一些学者开始研究《道德情操论》之后，因为亚当·斯密公开出版的著作除了《国富论》之外还有《道德情操论》和《法律讲稿》，这使我们认识了一个更加全面、真实的亚当·斯密及其理论，追求公共领域的公平成为越来越多地被人们提及的目标。具体参见[美]帕特里夏沃·哈恩（Patricia H.Werhane）：《亚当·斯密及其留给现代资本主义的遗产》（夏镇平译），上海：上海译文出版社，2006 年版，译者前言。

[②] 亚当·斯密：《国民财富的性质和原因的研究（上卷）》，北京：商务印书馆，1981 年版，第 14 页。

[③] 赫尔曼·E. 戴利认为，经济系统是生态系统中的一部分，他把人类活动的经济系统称为人造资本，而生态系统中的其余部分称为自然资本，随着人类社会的活动范围越来越大，人类社会已经从一个人造资本比例很小、自然资本比例很大的空的世界发展成人造资本比例很大、自然资本比例很小的满的世界，详见赫尔曼·E. 戴利：《超越增长：可持续发展经济学》（诸大建、胡圣译），上海：上海世纪出版集团，2006 年版，第 57 页。

交易的主体——"经济人"（包括企业和个人）为了创造更多的"人造资本"，通过各种手段与自然"争斗"，以期达到"征服自然"、实现利润最大化的目的。但是，任何事物都是发展变化的，对于一项事物的认识应该采用辩证唯物主义观点和历史唯物主义观点来看待。也就是说，对"经济人"的理解也要随着人类社会的不断发展而发展，在不同的历史阶段，市场环境会发生很大变化，应该有不同的经济理论指导市场实践，今天的市场和亚当·斯密生活的年代的市场发生了翻天覆地的变化，我们生活的地球已经由"空的世界"发展成为"满的世界"，剩余的自然资本已经成为限制人类经济进一步发展的关键因素，尽管"经济人"本性并没有改变，但是，对"经济人"在市场活动中所扮演的角色已然发生了很大的变化，所要承担的责任也必然相应改变。如果还用亚当·斯密当年对"经济人"的理解来解释现在的市场经济主体——企业的行为，那么其结果必然会发生很大的偏差。

从配置资源的角度看，充分竞争状态下的完全市场化的效率是最高的。但这种理想化的状态只能是理论上存在可能性，现实中是完全做不到的。也就是说，"看不见的手"在现实市场中的作用是有限的，这在1929—1933年的世界资本主义经济危机中已被充分证明，由美国的次贷危机引发的全球性金融危机进而发展成为世界经济危机的事实再次证明，缺乏管制的市场作用的局限性。提倡充分发挥"看不见的手"的作用完全是从"经济人"本身利益出发的，按照这种理解，企业是社会生产的主体，在生产过程中，投入资金购买生产设备、原材料和能源动力，经过雇佣工人的生产加工，变成可以在市场出售的产品，赚取所追求的利润，是天经地义的事情。但在企业生产过程中必然有"漏出"（包括"三废"排放及相应热量散失）部分，这是传统经济理论研究的"软肋"，是无法解释清楚的。根据热力学第二定律和物质不灭原理，生产过程中的"漏出"部分在自然界也一直存在着，只是存在形式发生了变化而已。当这部分"漏出"由于处理不当而任意排放，超出局部自然环境的承载能力时，就形成了区域性的环境问题。现实中全球气候变暖、一些水域由于富营养化导致的水污染事件以及食物中的化肥农药和重金属残留致使各种怪病频发等事例已经让我们看到了问题的严重程度，也充分证明了传统经济理论在单纯考虑"经济人"利益而追求利润最大化的同时，是根本没有考虑生态效益的，存在严重的生态效益缺失。随着人类社会的进一步发展，"满的世界"是不能再容忍这种以牺牲生态环境而换取所谓的快速发展理论"胡作非为"的，其结果必然被新的社会发展理论所替代。

2.3.2 经济人带来生态危机的必然性和现实性

2.3.2.1 "经济人"与自然关系认识的错位是生态危机的根源

经济的发展离不开"经济人"的利益驱动，经济人的经济行为为社会进步奠定了丰厚的物质基础，如果单纯在经济系统中考察经济人的行为，是无可挑剔的。但问题恰恰就是因为对经济系统和生态系统认识上的错误（认为生态系统是经济系统的一部分——事实上正好相反）致使人类社会在进步过程中付出了沉重的环境代价——生态危机。因为，"经济人"考虑问题是以利己性为出发点的，以追求利润最大化为最终目的，"各个人都不断地努力为他自己所能支配的资本找到最有利的用途。固然，他所考虑的不是社会的利益，而是他自身的利益，但他对自身利益的研究自然会或者毋宁说必然会引导他选定最有利的用途"①，其核算的最基本原则是成本—收益原则，以更小的个体成本换取更大的个体利益。在生产过程中，"经济人"根本没有把自己置身于自然环境中考虑问题，而是不断地以自然界提供的资源和原材料作为赚钱的物质前提，整个过程就是向大自然不断"索取"资源和原材料并不断"给予"大量排泄物的过程，在处理人与自然的关系时，错误地认为只有人才是"万物的主人"和"自然的立法者"，将自然界视为人类可以任意支配的"奴隶"，片面地将这种关系归结为"利用与被利用，征服与被征服的关系"，更是早把马克思所强调的"自然是人的无机身体"的观点忘在了脑后，对其行为产生的生态恶果基本不予考虑，违背自然规律的现象也就不难理解了，这种观念上的错位认识将人类推向了生态危机的困境也就在所难免了。

2.3.2.2 "经济人"追求个体经济效益最大化难以实现社会福利帕累托最优

在亚当·斯密描述的"经济人"行为的"空的世界"里，"经济人"利用从自然界很容易无偿获得的资源和原材料进行生产，实现"经济人"个体经济效益最大化是其本性使然，无可非议。这是由于"空的世界"里自然资源比较丰富，其价值基本为零，而生产废弃物也可以"肆无忌惮"地排放（因为污染并没有超过自然环境的承载能力，换句话说，自然环境可以通过自己的自净系统完全处理这些排泄物，所以环境问题在当时看来也就根本称不上是问题）。但在"满的世界"里，资源和

---

① 亚当·斯密：《国民财富的性质和原因的研究（上卷）》，北京：商务印书馆，1981 年版，第 25 页。

原材料已经无法满足"经济人"贪婪的生产需求，污染物的排放也已经达到或超过自然环境的承载能力，"经济人"仍然一味地从个体角度出发来追求个体成本最小化，必然要增加整个社会的成本，事实上，这是"经济人"以牺牲环境为代价获取个体的利益最大化，所应承担的环境成本向全社会或者说全球的转移的过程，这一过程本身是违背环境伦理的。由于每个"经济人"都有同样的想法并在不断实践中，其结果根本无法实现社会福利的帕累托最优，甚至会使社会总体福利下降，出现生态危机也就成了必然结果。

因而，基于"经济人"的假设存在种种弊端，在我们即将到来的"满的世界"里，应该重新审视"经济人"的行为，尤其对于现代企业这一法律意义上的"经济人"的行为更应重新定位，应该把"经济人"放在自然生态系统中来思考问题，从根本上解决人类面临的共同问题——生态危机。

2.3.3　生态人承担生态责任是历史的必然

现代企业理论认为，企业作为一个组织，完全是一种法律假设，它只不过是个人之间的一组契约关系的连接点。这一组契约关系即是劳动所有者、资本投入者、产品的消费者等相互间的契约关系。这组契约关系的连接点形成了企业，从而以一个契约代替了一系列契约，使参与者之间的合约简单化。因此，认为企业仅仅是一种契约关系，它不具有实体地位。甚至在后来的研究中，更有人提出："企业不是一个独立个体，它是一种法律假设，它可以作为一个复杂过程的聚焦点，在这个过程中个人互相抵触的诸多目标会被一个契约关系的框架带入均衡。在此意义上，企业'行为'就很像市场行为；也就是说，是一个复杂的均衡过程的结果。我们难得会坠入将小麦市场或股票市场描述成为一个个体的圈套之中，但我们常常会犯这样的错误，把组织视为有刺激和有意识的个人。"[①]如果仅在经济系统考察这种理论的科学性和时效性，是不会有任何问题的，也就是说，这种理论的一个基本前提是理性"经济人"，但由于"经济人"假设理论存在着先天性的生态效益缺失问题，致使传统经济理论面临破产的边缘。随着社会经济的进一步发展，需要新的经济理论指导市场中企业的实践活动。其实，"亚当·斯密在他的任何一部著作中都没有对

---

① 迈克尔·詹森、威廉·麦克林：《企业理论：管理行为、代理成本与所有权结构》，载《所有权、控制权与激励》（陈郁编），上海：上海三联书店、上海人民出版社，1998年版，第84页。

自利的追求赋予一般意义上的优势。人们对自利行为的拥护有着特定的时代背景，尤其是当不同时代的政府所制定的贸易政策影响了贸易和生产发展的时候"①。所以说，"经济人"假设也必然随着时代的进步被"社会人"取代，当"社会人"的行为不能满足时代要求的时候，理性"生态人"的出现也就是自然而然的事情了。所以，就所谓现代企业理论而言，尽管各种流派之间由于研究问题的侧重点不同而存有较大差异，但基本前提是一致的。这也是今天出现生态危机的最直接、最根本的原因。

我们生活的地球自然生态系统已经变成了"满的世界"，要真正实现人类社会可持续发展，以"生态人"标准衡量和要求市场中的每一个活动主体已经成为每个人的责任和义务，尤其对企业行为的约束更显得刻不容缓。所以，以"生态人"为标准的企业承担生态责任是社会发展的必然，是历史进步的需要。

2.3.4 社会生态经济人理论是对生态文明时代现代企业生态责任的理论本质与实践主旨的新定位

刘思华教授在《企业经济可持续发展论》及《生态马克思主义经济学原理》等著作中，提出了 21 世纪现代企业是社会生态经济人的新观念、新理论，为我们科学理解生态文明时代现代企业生态责任的理论本质与实践主旨提出了新的认识工具和科学依据。刘思华认为，按照生态马克思主义经济学哲学观点，生态论有广义和狭义之分，这就使得生态人也有广义和狭义之分，广义生态人包括狭义生态人，它就是社会生态经济人，即社会人、经济人和生态人的有机整体。因此，在生态马克思主义经济学哲学那里，21 世纪现代企业是社会生态经济人的假定，是生态文明时代现代企业的必然的理论概括与学理表现，它全面准确地揭示了现代企业的固有属性与本质内涵的本来面目，符合生态文明时代企业存在与发展的客观要求。"所谓社会生态经济人，是指经济行为主体追求更多的经济利益的偏好，仍然是现代经济生活的一个基本事实；但这必须在促进个人与社会、微观和宏观的经济利益、社会利益和生态利益相统一与最优化的过程中，必须保证当代人的福利增加并不使后

---

① [印度]阿马蒂亚·森：《伦理学与经济学》，北京：商务印书馆，2000 年版，第 30 页。

代人福利减少的代际公平中获得实现。"[1]这是因为，在 21 世纪的生态文明时代，社会人、经济人、生态人在现实生活中是统一的，经济人也是社会人，当然首先是生态人。人在经济系统中是经济关系主体，在社会系统中是社会关系主体，在生态系统中是生态关系主体，因而，"在现实世界"生态-经济-社会"复合系统中，现代经济行为主体就是生态人、经济人和社会人的有机统一整体……社会生态经济人假设是经济人、社会人与生态人假设的有机统一论"。[2]

因此，我们必须重新认识现代企业这个现代社会经济细胞存在与发展的价值、功能等，才能正确认识它的性质。无疑，生态文明时代的现代企业与工业文明时代的传统企业一样，首先是一个经济实体（或组织），经济功能是它的最基本功能，生产物质产品或提供服务，创造物质财富即创造经济价值，这是它的根本任务。但是，现代企业不仅是个经济实体，还是个现代社会有机体的基础单位，它具有社会功能，集中表现在它也生产精神文化产品或提供服务，创造精神财富即创造文化价值，这是现代企业的一项战略任务。与此同时，现代企业确实是生态经济有机体。现代企业生存与发展必须与生态环境相适应、相协调，这是现代企业生产力运动的一条基本规律。因此，现代企业具有生态功能，生产生态产品或提供服务，创造生态财富即创造生态价值，这是现代企业的根本任务。

现代企业的经济功能和社会功能，体现着现代企业的社会属性与经济本质；现代企业的生态功能，体现着现代企业的自然属性与生态本质，正是自然属性和社会属性的有机统一，生态本质与经济本质的有机统一，才构成现代企业的性质。这就是说，"现代企业的生态功能、经济功能、社会功能三位一体性质；生态价值、经济价值、社会价值三位一体性质，从而使现代企业成为社会生态经济人"[3]。社会生态经济人理论，正确反映了现代企业的性质，科学揭示了现代企业存在与发展的原因和动力，全面地规定了现代企业生产经营的目的与目标、责任与义务。

既然生态人有广义和狭义之分，那么，企业生态责任也应该有广义和狭义之分，这是一方面。另一方面，把现代企业视为社会生态经济人，使企业功能具有经济、社会、生态三位一体的性质，这就决定了现代企业不仅具有经济责任，而且具有社会责任，更具有生态责任，这 3 种责任都是现代企业的固有属性和内在本质。所以，

---

① 刘思华：《企业经济可持续发展论》，北京：中国环境科学出版社，2002 年版，第 26 页。

② 《刘思华文集》，武汉：湖北人民出版社，2003 年版，第 587 页。

③ 刘思华：《企业经济可持续发展论》，北京：中国环境科学出版社，2002 年版，第 27 页。

生态文明时代的现代企业生态责任是社会责任、生态责任、经济责任的有机统一体，这就是广义企业生态责任论，可以称为企业绿色责任论。据此而言，我们完全可以说，生态文明时代的现代企业是社会生态经济人，是现代企业的理论本质和实践主旨。

遵循这一理论本质和实践主旨，将现代企业生存与发展的行为规范建立在社会生态经济人理论的基础上，不仅仅是发挥企业的经济功能作用，创造物质财富，实现经济价值，而且要发挥企业的社会功能作用，创造精神财富，实现企业社会精神文化价值，还要努力发挥企业生态功能作用，创造生态财富，实现生态价值，这些都是履行现代企业的生态责任。只有履行现代企业这种重大历史责任，才能保障现代企业健康运行与绿色发展。

第**3**章

企业生态责任生成的微观机理

不可否认，随着人类社会的进步和发展，企业已经成为连接经济—社会的重要节点，对企业本身的认识也越来越全面。从根本上讲，企业生态责任是企业与生俱来的责任，一个企业从诞生之日起就应该承担的重大历史责任。但它又是一个历史性的概念，具有鲜明的时代特色，之所以到现在才被提出，是因为人类经过 20 世纪所谓工业文明的迅猛发展，在享受其成果的同时，给环境带来的压力已经接近或达到环境承载力的阈值。人们在反思发展模式时发现，原来如此重要的问题竟然被忽视。"亡羊补牢"是目前必须要做的。事实上，企业生态责任的产生是与企业自身生产相一致的。也就是说，企业在生产过程中具有企业生态责任生成的基本要素。

3.1 企业生态责任的生成机理

3.1.1 企业生产过程蕴含着企业生态责任

人类社会的生产活动是最基本的、最重要的活动。企业生产过程的实质就是物质在各种不同用途之间以及以物质为载体的能量和信息之间的转化过程，使物质从一种形态变成另一种形态的过程，生产活动则发挥着"转换器"的作用。对于人类来说，自然生态系统为生产活动提供了包括生命支持、自然资源以及吸纳污染等物质和非物质（以物质为载体）性服务。人类的活动实质就是充分利用人的智慧，以组织、技术等为手段，从自然生态系统中获取自然资源，将其转化为人类所需要的物质形式，并向环境排放废物的过程，整个生产过程就是人类社会与自然生态系统之间联系的主要界面，生产的组织方式、技术手段、产品的内容和生产规模，决定了人与自然生态系统之间的物质流动关系的性质和内容。

对于企业的生产过程，西方经济学和马克思主义政治经济学的描述基本是一致的。马克思对企业生产过程的分析是通过对资本运动的研究和阐释而展开的。马克思认为资本循环包括货币资本循环、商品资本循环和生产资本循环 3 个循环过程，这 3 个循环过程并不是截然分开的，而是相互寓于其中并同时进行的，只是相对于在整个生产过程中资本所处的不同表现形式而言的，整个资本循环过程就是企业在现实市场中进行经济活动的全部过程的浓缩，其实质上是说明企业的生产是循环往复、持续进行的。在资本循环的过程中，同时进行的还有另外一个循环，那就是劳动资料的循环。这里我们抛开商品价值，只讨论"物"（即劳动资料）的循环过程。"劳动资料是劳动者置于自己和劳动对象之间、用来把自己的活动传导到劳动对象上去的物或物的综合体"，"劳动者利用物的机械的、物理的和化学的属性，以便把这些当作发挥力量的手段，依照自己的目的作用于其他的物"。[①]在生产过程中，劳动资料本身价值并不增加（因为劳动是创造价值的唯一源泉），只是其形状发生了改变（如机器损耗、牛皮变成皮鞋、能量消耗等）。

资本循环总公式 G—W—G'中，将其具体放大后应该是这样的：G—W（A+Pm）…P…W'—G'[②]，实际上整个循环过程包含 3 个阶段，即购买阶段 G—W（A+Pm）、生产加工阶段 W（A+Pm）…P…W'和资金回笼阶段 W'—G'。按照资本总公式的循环过程来看，在第一阶段 G—W（A+Pm）过程中，劳动资料（Pm）只是由劳动资料提供者转移到劳动资料使用者即企业，劳动资料（Pm）并没有发生任何实质变化，只是存放地点发生转移而已。因此，在第一阶段并不直接产生废弃物（当然，如果一次性购买生产资料过多，造成原材料积压甚至变质，也可能变

---

① 马克思：《资本论》（第一卷），北京：人民出版社，1975 年版，第 203 页。

② 资本循环总公式 G—W（A+Pm）…P…W'—G'中，G 代表货币，即生产所需原始资本；W（A+Pm）中的 A 是劳动力，Pm 是劳动资料；劳动力对劳动资料进行生产加工，就构成 P 代表的生产加工过程；W'是劳动产品，也称为产成品；G'是回笼的货币，其构成包括原始投入资本加上增值部分，即剩余价值。根据《资本论》（第一卷），北京：人民出版社，1975 年版，第 133～144 页整理。

成废弃物)。当劳动资料进入企业(工厂)后,开始进入第二阶段,即生产加工环节,W(A+ Pm)…P…W',经过工人的生产加工(…P…)过程,劳动资料变成了劳动产品,这个过程中,劳动资料必然要发生物理的、化学的变化(如对牛皮的裁剪、黏合、缝制等),由于劳动资料变成了劳动产品,必然要产生一些废弃物(即便工艺再先进也必然或多或少产生各种废弃物),如果这部分废弃物不经处理直接排放到自然中,其结果就是污染。尽管马克思对废弃物的利用问题非常重视,"对生产排泄物和消费排泄物的利用,随着资本主义生产方式的发展而扩大。我们所说的排泄物,是指工业和农业的废料;消费排泄物则部分地指人的自然的新陈代谢所产生的排泄物,部分地指消费品消费以后残留下来的东西。因此化学工业在小规模生产时损失掉的副产品,制造机器废弃的但又作为原料进入铁的生产的铁屑等,是生产排泄物。人的自然排泄物和破衣碎布等,是消费排泄物。消费排泄物对农业来说最为重要。"[1]并且,马克思非常注重资源的使用效率,他强调,"把生产排泄物减少到最低限度和把一切进入生产中的原材料和辅助材料的直接利用提到最高限度"[2]。但在以亚当·斯密为代表的古典经济学理论(即"经济人"假设)的影响下,生产企业只把追求最大化利润当作自己的唯一目标,衡量是否进行生产和回收的标准就是成本—收益分析,当获得原材料成本低于回收废弃物的成本时,直接抛弃废弃物的做法也就不难理解了。其实这一过程中已经蕴含企业要承担相应的生态责任。在资本循环第三阶段 W'—G'的过程中,企业产品由企业生产车间通过销售渠道完成"惊险的一跃"后重新回到市场,变成消费者手中的消费品,至此,整个资本循环结束,但"物"的循环并未结束,因为劳动产品变成消费品后,尽管"物"的形状在使用过程中并未改变,但要经过消费者消费,直到消费后的商品"残骸"处理后,整个"物"的循环才告结束。至此,我们可以从"物"的循环过程看企业的生态责任。在整个"物"的循环过程中,目前看至少有三处存在"物"的"漏出",一是企业生产过程产生的"废弃物";二是消费者消费后的商品"残骸";三是企业在生产过程中消耗的能量(如

---

① 马克思:《资本论》(第三卷),北京:人民出版社,1975 年版,第 116 页。
② 马克思:《资本论》(第一卷),北京:人民出版社,1975 年版,第 118 页。

煤、电力等)。根据热力学第一定律[①]，"在自然界中，能量既不能消灭，也不能凭空产生。能量可以从一种形式转变为另一种形式，在转换过程中能量守恒"，能量守恒定律是物质不灭定律的能量表达方式。对于企业在生产过程中的这三部分"漏出"的处理方式，传统方法主要有：直接丢弃（排放）、燃烧等。无论哪种处理方式都是对资源的浪费和对环境的污染，追究企业生态责任也在情理之中。马克思对由于消费产生的废弃物也有论述，认为"几乎所有消费品本身都可以作为消费的废料重新加入生产过程"[②]。这实际上要求企业在生产过程中尽可能地减少能源的消耗，并生产出环保耐用的消费品，如索尼公司开发的一种可以使用 10 年的锂离子电池，据该公司计算，与以往的锰电池相比，该产品的资源效率能够提高 2 000 倍[③]，同时企业也应对整个产品的生命周期承担相应的生态责任。

3.1.2 企业生态责任的前提："生态人"替代"经济人"

古典经济学的"经济人"假设带来的生态危机问题在前面已经说明，以"生态人"代替"经济人"成为企业理论发展的必然。"生态人"[④]假设的建立为企业生态责任发展提供了基本理论支撑。"社会生态人"是由"经济人"发展而来的，是社会发展不同阶段的历史产物。所以，二者共同的特点是"理性"，但"经济人"强调的是"经济理性"，它是以实现个体利益最大化为最终目标，以经济个体的盈亏作为判断经济行为的唯一标准，其结果往往是劳动者失去人性而变成赚钱的"机器"；人与人的关系就是金钱关系；人与自然的关系就是工具关系，是利用与被利

[①] 热力学第一定律，即能量守恒定律，在自然界中，能量既不能消灭，也不能凭空产生。能量可以从一种形式转变为另一种形式，在转换过程中能量守恒；热力学第二定律又称熵律，在环境研究中具有特别重要的意义。熵是热力学中的一个概念，指物质系统中的状态函数，用来表示物质系统的无序度。熵越高，混乱度越强。用熵作为一种能的量度，即表示有用能变成无用能（不能用来做功的能）的数量。所以，熵也被称为"能趋疲"，即趋于疲弱的能量。能趋疲现象是普遍存在的，就是说，在不可逆循环系统中，有用的能量总是在不断地变化为无用的能量，这种现象叫作"熵增"，揭示这一现象的内在联系的定律叫作"熵增定律"即"熵律"，也就是热力学第二定律。熵律告诉我们，环境经济系统不仅要遵守，而且要遵守热力学第二定律，即熵增定律。

[②] 《马克思恩格斯全集》（第二十六卷第一册），北京：人民出版社，1972 年版，第 239 页。

[③] [日]山本良一：《战略环境经营生态设计》，北京：化学工业出版社，2003 年版，第 137 页。

[④] 这里"生态人"是针对"经济人"而言的，指的是具备生态意识，并在经济与社会活动中能够做到尊重自然生态规律，约束个人与集体行为，实现经济与社会持续发展、人与自然和谐相处的个人或社会组织群体。

用的关系。这也是工业文明发展过程中必然出现生态危机的根本原因。而"生态人"则强调"生态理性",它是以人类社会整体福利最大化为最终目标,从生产到消费各个环节,力图适度动用劳动、资本和资源,尽量多生产耐用的、污染小或无污染的高质量的产品,满足人们适可而止的需求,它已经超越了盈亏底线,是一种可持续发展的动机。马克思对资本主义生产方式的批判本身就是对经济理性的批判,本身就蕴含着一种生态理性的思想。所以,社会发展到今天,用"生态理性"取代"经济理性",建立"生态人"假设才是企业承担生态责任的前提,是实现整个人类社会福利最大化的根本保证。

3.1.2.1 "生态人"出现的必然性分析

(1)我们"只有一个地球"的背景考量呼唤"生态人"。因为人生活在地球上,地球的自然资源的有限性与人的需求和欲望的无限性永远是一对矛盾,人类本身是无法回避这一基本现实的。按照肯尼斯·博尔丁(Kenneth Boulding)①的解释,我们的世界犹如一艘微小而自身有限的宇宙飞船,而不是拥有无限空间的、一望无际的平原。他于1966年,在亨利·贾勒特(Henry Jarrett)主编的《经济增长中的环境质量》一书中,发表了一篇简明扼要的论文。在这篇论文中,博尔丁以长远的世界状态视角批判考察了长期以来被丝毫不加批评地接受的目标和价值观。博尔丁对已经成为各国政府最重要的经济增长的欲望,表达了深重的怀疑。博尔丁试图说明既有的经济成功的措施在宇宙飞船经济学中没有任何意义。他认为经济活动应该包含4个要素:家庭(或消费者)、企业(或生产者)、可以消耗的资源和废物储放。传统经济学仅仅聚焦于第一、第二个因素(土地、劳动和资本),而企业以供给商品和服务作为回报。家庭和企业两者,均从自然资源要素中提取东西,在生产和消费过程中都产生流向废物储藏部分的废物。这里主要的问题是,由于经济活动和生产水平保持着增长,如果不采取果断措施,稀缺和废物问题都将变得更糟糕。由于稀缺越来越紧张,废物储藏问题越来越糟糕,所以,因循守旧的增长体系不可能持续下

---

① 肯尼斯·博尔丁(Kenneth Boulding,1910—1993),一生致力于开拓一种更加全面的社会科学,其中经济学只是其中一部分。他开拓了不少新的研究方向,被称为现代经济学中"伟大的局外人",著有《经济学分析》(1941)、《和平经济学》(1945)、《经济学的重建》(1950)、《组织革命》(1953)、《映像》(1961)、《冲突和防御:普通理论》(1962)、《20世纪的意义》(1965)、《生态动力学》(1978)、《赠与经济学:爱与畏惧经济学》(1981),1966年他发表的一篇论文对20世纪60年代末环境经济学的迅速崛起和超常发展起到了极大的推动作用。[英]E.库拉(Erhun Kula):《环境经济学思想史》(1998)(谢扬举译),上海:上海人民出版社,2007年版,第150页。

去。最后，博尔丁建议：自然资源基础必须得到有效保护，废物必须加以严格管理。我们的长期生存有赖于我们管理者两个环节的能力。他认为，在宇宙飞船环境中，生产和消费未必是好事，经济福利不应当以自然资本的损耗为代价来获得。认为存量的概念对于人类福利而言是最为基础的，并且对人们提出警告，不要沾沾自喜，不要延误宇宙飞船经济结构的建设，因为在许多方面，宇宙飞船地球已经满负荷了。……许多城市已经用尽了清洁空气，很多湖泊已经成了污水坑，某些地区森林已经消失殆尽，一度高产的矿藏已告耗尽。[①]其实，博尔丁批评的就是"经济人"的生产经营活动带来的一系列问题，尽管他没有直接提出建立"生态人"假设，但实际上是在"只有一个地球"背景下，考虑建立具有生态理性的"生态人"假设。

（2）社会化大生产要求"生态人"的出现。马克思曾经说过，资本主义的基本矛盾就是社会化大生产和资本主义私人占有之间的矛盾。私有制的先天不足是违背社会化大生产的基本要求的，也限制和延缓了"生态人"的现实显现。社会化大生产要求"经济人"放弃个体利润最大化，追求全人类的社会福利的增加，彻底解放和发展社会生产力，尊重自然生态发展的基本规律，使企业真正成为协调人与自然之间的关系的桥梁和纽带。

（3）生态文明建设呼唤"生态人"。工业文明的发展给人类社会创造了惊人的物质财富，用马克思的话讲，"在它不到一百年的阶级统治中所创造的生产力，比过去一个世纪创造的全部生产力还要多，还要大。自然力的征服，机器的采用，化学在工业和农业中的应用，轮船的行驶，铁路的通行，电报的使用，整个大陆的开垦，河川的通航，仿佛用法术从地下呼唤出来的大量人口——过去哪一个世纪料想到在社会劳动里蕴藏有这样的生产力呢"，但是，工业文明的迅速发展是以生态环境的破坏为代价的，以"经济人"的本性而存在的企业是不可能主动依靠自身的能力从根本上解决生态问题的，党的十七大报告明确指出："建设生态文明，基本形成节约能源资源和保护生态环境的产业结构、增长方式、消费模式。循环经济形成较大规模，可再生能源比重显著上升。主要污染物排放得到有效控制，生态环境质量明显改善。生态文明观念在全社会牢固树立。"这是对人类社会进一步发展指明方向，也是我党对生态社会主义的新诠释。要消除工业文明的局限性，必须以生态

---

① [英]E. 库拉（Erhun Kula）：《环境经济学思想史》（1998）（谢扬举译），上海：上海人民出版社，2007 年版，第 154 页。

文明取代工业文明，以"生态人"取代"经济人"。

（4）人类社会可持续发展战略呼唤"生态人"。根据可持续发展战略理念，经济系统只是生态系统的一个子系统，人类社会生活的地球资源是有限的，只有坚持可持续发展，才能使人类生活的生命之舟不至于沉没在生态污染的海洋里。人与自然的相处应该是一个源远流长的过程，与生存在地球上的其他物种应该是和谐共处的，生态问题是由人的活动造成的，那么生态问题的最终解决也必须依靠人类自己，变"经济人"为"生态人"，才是解决问题的根本所在。

3.1.2.2 "生态人"的本质特征表现

（1）"生态人"要有生态理性。生态理性是对生态环境的一种生态意识和科学认知能力。也就是说，"生态人"并不是传统意义上的自然人，应该具备充分的生态伦理素养，具备预期职业活动及生活方式相应的生态环境知识，并且在强调人与自然和谐的前提下，充分尊重人本身具有的存在价值的人或组织。这种生态理性包括生态意识、生态良心等，因为"生态人"本身也是道德人，首先具备善待自然、善待环境、对生态危机觉醒的观念的生态意识，才能在现实活动中正确对待自然，正视生态保护，在发展经济的同时十分注重生态效益，不仅能反省自身生态问题，注重生态保护，更能通过自己的实际行动，在社会上宣传并营造一种生态氛围。其次，"生态人"还有一种人性化的生态良心。良心是人的一种主观内心体验，存在于人心灵深处的一种自我约束。生态良心是"生态人"区别于其他的核心内容，具体是指人类在生物圈社会共同体中发自内心地产生的一种尊重与保护自然的观念及其对自身经济活动行为的生态道德进行的反思与评价，当有了这种生态良心，"生态人"就会把保持生态平衡作为衡量经济行为的一种责任，就是我们说的生态责任，在为履行生态责任和保护生态做出贡献的过程中能够体验到一种荣耀和喜悦，而又为破坏生态的行为感到不安与自责。

（2）"生态人"以利润最优化为最终目标。利润最优化（profit optimization）是谢克（Sheikh，1996）在研究企业社会责任时提出的，他明确指出用利润最优化取代利润最大化作为公司的行为准则，同时追求其他社会目标。"公司管理者不再最大化股东的福利，他们通过增加收入并追求对社会有直接影响的非金钱目标来最大化公司总的福利。他们会'满足'利润而不是利润最大化。"[①]所谓"满足"利润是

---

① Sheikh，Saleem，*Corporate Social Responsibilities: Law and Practice*，London: Cavendish Publishing Limited，1996，p.33.

指管理者努力赚取足够的利润来满足股东同时追求其他的社会目标。在这里企业为了实现企业总体福利最大化，会放弃一些实现利润最大化方案，转而追求一些其他社会目标以实现社会责任。但如果把整个企业作为生态系统中的一个组织机构来看的话，其行为目标应以社会福利最大化为标准，也就是说，企业作为"生态人"而存在，承担生态责任，追求的最终目标应该是利润最优化。

（3）"生态人"要有社会公平意识及生态道德观念。"环境问题的本质就是社会公平问题"。如今的环境问题，早已超过一国一区而成为全人类共同面对的难题，受环境影响的群体，是一种更大范围的社会公平问题。"生态人"本身要有社会公平意识，这也符合我国建设生态社会主义的首要任务，党的十七大报告已经明确指出，"实现社会公平正义是共产党人的一贯主张，是发展中国特色社会主义的重大任务"①，我们就是以创建生态文明为目标，建立人与自然和谐共处的环境友好型生态社会主义社会。就市场经济中的微观主体——企业本身而言，必须以"生态人"的标准规范自己的行为；而对于整个国家宏观控制来说，则需要选择适合构建人与自然和谐共处的社会发展模式，正如美国社会学家福斯特所说："选择一种与生态更加协调的社会发展形式是可能的，但条件是顶着发展名义的畸形发展必须得到纠正。"②所以，树立生态道德观念，建设生态社会主义就是要从根本上解决环境公平乃至人类社会公平问题。

3.1.3　企业生态责任的成本—收益分析

成本—收益分析方法是经济学最常用的衡量企业效益的基本方法。对环境污染问题的解释，经济学将其定义为外部不经济即未经协商就强加给他人的成本，生产中污染外部性的存在意味着污染企业以较低的代价进行生产。如果把环境污染成本加入企业的生产成本中，生产企业就会以较高的代价换取较少的产出。尽管污染的产生增加了经济系统中的他人成本，但经济学家并不想彻底"根除"污染，因为减少污染同样需要成本，并且还要考虑减少污染的收益与成本相比能否实现效益的最

---

① 《高举中国特色社会主义伟大旗帜，为夺取全面建设小康社会新胜利而奋斗》，胡锦涛在中国共产党第十七次全国代表大会上的报告。

② [美]约翰·贝拉米·福斯特：《生态危机与资本主义（2002）》，上海：上海译文出版社，2006 年版，第 75 页。

大化，污染治理的过程本身也能创造 GDP。我们可以通过图 3-1 进行简单分析，假定某生产企业在技术条件一定的条件下，通过产量调整来改变污染的结果。横轴以百分比的形式给出了污染的减少比例，纵轴是单位污染量变化引起的成本、收益的变化量。

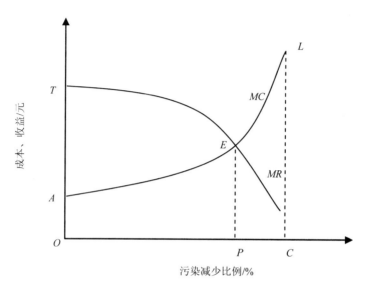

图 3-1 环境污染治理的成本收益分析图

图 3-1[①]中向下倾斜的边际收益曲线（MR）表示当污染减少量较小时，每减少一单位污染将给人们带来较多的健康和物质利益，随着污染治理的增加（即污染减少）到一定点后，边际效用呈递减趋势，且递减速度加快；当污染减少到一定程度后，每减少一单位污染将带来较少的利益；到 C 点后，污染减少量已达到 100%，即没有污染状态，此时因减少污染而增加的利益为 0。向上倾斜的边际成本曲线（MC）表明，开始减少污染时，每减少一单位污染所需治理成本很小，随着污染治理量的增加，每减少一单位污染所需治理成本将上升，并呈加速趋势；当污染减少到一定程度后，成本将成倍上升。按照均衡理论，只有在 MR 曲线与 MC 曲线交点，即 $MR=MC$ 时，才能实现收益最大化，若污染减少量超过了 P 点，即 $MC>MR$ 时，净收益将减少；反之，$MC<MR$ 时，无法实现净收益最大化。另外，由于减少污

① 该图观点参考高有福：《环境保护中政府行为的经济学分析与对策研究》，长春，吉林大学经济学院，2006 年。

染也需要占用经济社会资源，过多投入必然增加企业的机会成本。因此，经济学家要通过权衡既定形式的污染所带来的经济效益和成本支出，从而确定减少污染的最佳数量。即 $MR=MC$ 时的污染减少量是最有效的，这一最佳数量很少或不可能发生在 C 点（所有污染全部根除），因为在 C 点，人们用货币来衡量的市场需求并未增加，从这个意义上讲，造成了资源浪费，不仅没有实现经济效率，反而为社会带来了经济净损失，因为在 C 点的净成本 $\Sigma（MR-MC）=ECL$ 的面积，大于 P 点的净收益 $\Sigma（MR-MC）=EAT$ 的面积。

生态学家从热力学的生态规律出发，认为生态系统的承受能力比市场配置资源的经济效率更重要，环境污染是完全有害的，应该彻底根除，保证生态系统的生产力不被破坏。这种偏向于生物学原理的分析与市场经济理念针对环境问题的理解存在很大偏差，也必然会形成不同的观点，需要进一步深入研究。对此，经济学家对环境问题的分析也从来没有停止过，归纳起来主要有 3 种理论，即产业结构理论、产权理论和外部性理论。[①]比较有代表性的是库兹涅茨绘制的环境倒 "U" 形曲线（图 3-2）。

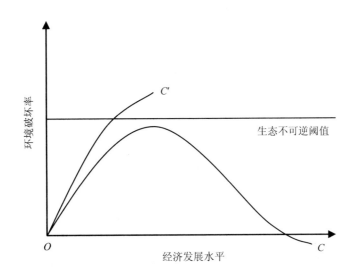

图 3-2 环境库兹涅茨倒 "U" 形曲线

---

① 李周：《环境与生态经济学研究的进展》，载《浙江社会科学》2002 年第 1 期。

该曲线认为经济增长与资源、环境之间的关系并非一定表现为互竞互斥。如果环境恶化能被有效控制在环境不可逆阈值内，如图中的曲线 C，经济增长与环境问题之间就表现为倒"U"形曲线关系，如果环境恶化超越环境不可逆阈值，即图中的曲线 C' 所示，这种倒"U"形曲线就不存在了。虽然环境库兹涅茨曲线仅仅是一个假定，是对某些国家环境变化的简单反映和描述，但该曲线已被一些发达国家的经验统计数据所证实。目前的发达国家的环境污染已趋于下降，环境质量好于 20 世纪六七十年代；发展中国家的污染仍在上升，与 20 世纪六七十年代相比，环境质量趋于恶化；新兴工业化国家的生态环境污染状况正处于转折阶段。

成本—收益分析方法只是经济学方法中一个简单而实用的工具。就"经济人"本性来讲，亏损是其最不愿意做的事情。对于"生态人"而言，成本—收益分析也同样适用，尽管存在很多不确定性因素和一些无法量化的元素，但就企业本身来说，这种方法还是有其积极意义的。关键的问题是在进行成本核算时，"经济人"与"生态人"考虑的成本和收益所包含的内容不太一致而已。若企业以"生态人"标准为前提制定发展战略或进行生产，采取的各种行动或者不行动而招致的潜在的成本及收益，其衡量标尺当然是社会福利的增加与否。这里的成本不仅包括企业实际生产过程中投入的直接成本，还包括企业为了执行国家相应的环境政策所形成的机会成本（放弃的其他方面的收益）以及环境成本，等等。举个最简单的例子，如果一家洗衣店因为来自附近的工厂的烟尘污染而影响正常经营时，它可以通过法律途径寻求保护获得经济赔偿，前提是它的损失必须能够准确地估计。而污染者（企业）会在实际赔偿数额与污染控制费用之间进行比较，当污染控制费用低于环境损害赔偿的情况下，污染者（企业）会采取一定的污染控制措施。否则，当污染控制费用高于环境损害赔偿的数额时，污染者会选择承担损害赔偿而继续污染。

当然，在生态文明理念日益深入人心的今天，成本与收益的分析范式内涵更具有广泛性和深度性，企业越是将环境成本与环境收益纳入生产的过程里，那么企业就越能赢得可持续的竞争力。这是因为，一旦企业将环境成本视作重要的生产环节加以考量，那么企业就会依照生态文明的理念，在生产的过程里实施清洁生产，并通过节能减排降低对自然环境和资源的消耗，以及在产品包装上更加呈现出生态特质，这种生态保护主义所传递出来的价值诉求就会在一定程度上向消费者传达高品质、安全、可持续的价值标签，并会赢得消费者的广泛认可。消费者的接受，能为企业开拓市场和进行下一轮的产品创新提供难得的助推力，从而在消费者与生产者之间形成良性循环。显然，这为生产者赢得可观的收益创造了条件。此时的收益，首先就表现为经济收益在增量层面上的增加，若进一步分析，就是生态价值观通过影响消费者的行为选择，让企业产品所蕴含的生态特质以经济效益的增加进行释放。在这种情况下，企业的经济效益与生态效益就融合到一起，企业基于生态价值观投入的成本就会转化为生态竞争力。这种生态竞争力既会降低企业生产总体成本，又会提高企业生产总体收益。

总而言之，企业越是履行生态责任，那么企业在生产、流通、交换的各个环节里所承担的成本就越低，从而付出的代价就越小，且塑造的竞争力就越强，赢得的发展空间就越大，可持续发展能力就越强。尤其是在消费者维权意识日渐凸显的当下，企业越是坚持生产过程的生态主义和产品供给的生态导向，就会赢得消费者的忠诚和赞赏，并通过口碑相传将这种忠诚链条延长。

3.2 企业生态责任能力的培养

能力一般是针对以人为主体的行为的一种内在描述，是人的综合素质在现实行动中的表现，正确驾驭某种活动的实际本领、能量和熟练水平。如果从人本身出发，能力是实现人的价值的一种有效方式，是左右与支配人生命运的一种主导性的积极力量，蕴含在个体之中区别于其他生命体的本质性特征，如创造力、判断力、交际力、预见力、自制力、注意力、观察力、想象力等。在现实生活中，能力的概念内涵有所扩大，已经扩展到包括以组织或者机构等有行为能力或者责任主体为代表的一些行为的描述，如对一个国家来说的宏观控制力、可持续发展能力；对于一个经济体或者经济组织而言的经济贡献力等。这些能力的大小是通过具体的指标表现的。例如，可持续发展能力的指标体系就包括生态支持系统、发展支持系统、环境支持系统、社会支持系统以及智力支持系统 5 个方面，并且每个系统都有不同的具体指标作为衡量的标准，最后通过各指标之间的关系构建一个核算体系，通过具体的计算方法，得出相应数值，然后对计算结果的数值进行比较分析，就可以得出某个省或者某地区的可持续发展能力的排序，也可对不同指标进行排序，从而为决策者和研究者提供横向比较标准和可信的数据分析结果，从而做出科学的决策及预测，为以后的工作开展提供准确的信息。

企业生态责任能力也同样具有这方面的功能和效果。对于企业而言，是否愿意承担生态责任是一回事，而是否有能力履行生态责任则是另外一回事。光有想法没有能力，也是空中楼阁，当然，想法是第一位的，有能力但也不想承担责任反而会导致更严重的生态环境恶化，这就好比一个有着聪明智慧的人，如果他把自己的聪明才智用于对社会有益的地方，则对社会发展和进步以及整个社会的福利增加都有好处，如果将他的智慧用于犯罪方面，则比一般的罪犯的社会破坏力要大得多。所以，提升企业生态责任意识，培养企业生态责任能力的根本目的就是通过对企业本身环境意识的提高达到提高资源使用效率、减少污染排放，为消费者生产出环保耐用的消费品，以缓解由于人类的活动带来的自然环境的压力，为改善人类的生存环境赢得宝贵的时间。

3.2.1 企业生态责任能力培养的必要性

3.2.1.1 培育企业生态责任能力有利于提高资源使用效率

早在党的十四届五中全会的《中共中央关于制定国民经济和社会发展"九五"计划和 2010 年远景目标的建议》就已经明确提出实行"两个根本转变"，即经济体制从传统的计划经济体制向社会主义市场经济体制转变、经济增长方式从粗放型向集约型转变。我国政府按照中央精神要求，在"九五"期间提出"转变经济增长方式"的口号，并采取相应措施落实，在 2003 年再次提出此问题。中国改革开放 30 年以来，取得了举世瞩目的经济成就，这是公认的事实，如钢材产量已经居世界第一，煤炭产量也为经济的快速增长提供一半以上的动力，但快速经济增长的背后却是不容忽视的"三高一低"（即高资本投入、高能源消耗、高污染排放和低效率产出）的事实。这样的经济增长方式的结果只能是以环境污染和人们的健康作为代价。仅就 2004 年为例，我国各类消耗的国内资源和进口资源约 50 亿 t，原油、原煤、铁矿石、钢材、氧化铝和水泥的消耗量，分别为世界消耗量的 7.4%、31%、37%、25%、40%，而创造的 GDP 却只相当于世界总量的 4%（按现行价格计算）。我国综合能源效率约为 33%，比发达国家低 10 个百分点。2004 年与 1990 年相比，全国每万元 GDP 能耗下降 45%，累计节约和少用能源 7 亿 t 标煤；火电供电煤耗、吨钢可比能耗、水泥综合能耗分别降低 11.2%、29.6%、21.9%，与国外先进技术水平差距逐步缩小。但单位产出的能耗仍明显高于国际先进水平，其中火电供电煤耗高约 22%，大中型钢铁企业吨钢可比能耗高 10%～20%，水泥综合能耗高 40% 以上，乙烯综合能耗高 30%～40%。农业灌溉用水利用系数是国外先进水平的一半左右，工业万元产值用水量是国外先进水平的 10 倍。矿产资源的消耗强度也比世界平均水平高出许多。工业用水重复利用率比发达国家低 15%～25%；矿产资源的总回收率约为 30%，比国外先进水平低 20%；节约型居住建筑仅占全国城市建筑面积的 3.5%，单位建筑面积采暖能耗高于气候条件相近的发达国家的 2～3 倍。从以上数据可以看出，我国的高速经济增长背后是大量的能源和原材料的消耗，是以环境的不可持续性为代价的，从长远利益角度看，是得不偿失的。因此，改变经济增长方式，构建节约型社会必须从提高企业资源使用效率开始，要从提升企业生态责任意识开始。

3.2.1.2 培育企业生态责任能力有利于减少污染排放

环境污染严重主要是由于高排放造成的。高排放的"罪魁祸首"就是企业，一方面，企业本身技术水平改进不够；另一方面，一些企业为了自身经济利益考虑，放弃使用先进工艺，在技术改进方面更是能拖就拖，能省就省，这与我们的公共政策有直接关系，也与企业的污染成本（违法成本）低有直接关系。一些地方政府管理人员为了完成所谓的 GDP 的考核指标，甚至提出什么"一切为招商引资放行、开绿灯"之类的口号，谋求所谓的"政绩"，根本不考虑项目引进后的环境后果，给一些污染严重的企业以生存的空间。所以，通过培育企业的生态责任意识，提高企业生态责任能力，能从根本上减少高污染排放问题。表 3-1 是我国较早时期总量上与世界大国之间的污染排水平的具体数据比较。

表 3-1　中国与若干世界大国的污染排放水平比较

国家或地区	2001 年单位 GDP 有机水污染排放量/（kg/万美元）	2001 年单位工业增加值有机水污染排放量/（kg/万美元）	2003 年单位 GDP 二氧化碳排放量/（kg/万美元）
日本	1.12	3.62	0.279
英国	1.54	5.71	0.301
美国	0.71	3.11	0.523
德国	2.01	6.69	0.355
法国	0.78	3.00	0.222
意大利	1.66	5.72	0.309
加拿大	1.62	—	0.645
澳大利亚	1.1	4.41	0.664

国家或地区	2001 年单位 GDP 有机水污染排放量/（kg/万美元）	2001 年单位工业增加值有机水污染排放量/（kg/万美元）	2003 年单位 GDP 二氧化碳排放量/（kg/万美元）
俄罗斯	17.68	49.11	3.527
印度	11.87	45.66	1.748
巴西	4.52	20.54	0.615
墨西哥	1.74	6.43	0.598
中国	18.9	37.80	2.625

资料来源：①http://www.worldbank.org/data/online databases；②WB，World Development Indicators 2005，2005；③UNDP，Human Development Report 2005，New York，2005；④IEA，Key World Energy Statistics2005，2005.转引自中国科学院可持续发展战略研究组：《2006中国可持续发展战略报告——建设资源节约型和环境友好型社会》，北京：经济科学出版社，2006年版，第164页。

表 3-1 数据明确告诉我们，无论从生产单位 GDP 还是单位工业增加值所排放的"废水"以及生产单位 GDP 所排放的二氧化碳来看，与其他国家相比，只有俄罗斯的数据与我国相近，其他国家都远远低于我国，所以，降低污染排放应该是企业的首要职责，应从企业外部机制设定入手，政府部门可以通过制定一系列限制、鼓励措施，促使企业采用先进工艺，提高能源（资源）使用效率，减少污染排放，共同为遏制全球气候恶化做出应有的贡献。

3.2.1.3 培育企业生态责任能力有利于引导绿色消费

中国人的消费理念历来以节俭著称。但在现实中，人们似乎更加崇尚消费主义，因为这是人的欲望决定的。用亚里士多德的话说，"人类的贪婪是不能满足的"。也就是说，当人的一种要求被满足的时候，一个新的要求又出现并且替代了它的位置。欲望是人的一种主观要求，当一种要求得到满足的时候，人类会产生一种幸福感。人们为了追求这种幸福感，往往会通过增加收入，增加物质消费来达到。"如果人类的需求实际上是可无限扩张的，消费最终将不能得到满足——这是一个被经济理论忽略的逻辑结果"。①但"在收入和幸福之间存在的任何联系都是相对的而非绝对的，人们从消费中得到的幸福是建立在自己是否比他们的邻居或比他们的过去消费得更多的基础上。"②也就是说，影响人类是否幸福的因素中有比收入和消费更重要

---

① [美]艾伦·杜宁：《多少算够——消费社会与地球的未来》（毕聿译），长春：吉林人民出版社，1997年版，第19页。

② [美]艾伦·杜宁：《多少算够——消费社会与地球的未来》（毕聿译），长春：吉林人民出版社，1997年版，第20页。

的因素，如婚姻、工作的满足感、闲暇等，用牛津大学心理学家迈克尔·阿盖尔的话说，"真正使幸福不同的生活条件是那些被 3 个源泉覆盖了的东西——社会关系、工作和闲暇。并且在这些领域中，一种满足的实现并不绝对或相对地依赖富有。事实上，一些迹象表明社会关系、特别是在家庭和团体中的社会关系，在消费者社会中被忽略了；闲暇在消费者阶层中同样也比许多假定的状况更糟糕。"[①]从美国芝加哥大学国民意见研究中心做的常规调查结果也可看出，尽管 1997 年国民生产总值和消费支出都比 1957 年接近翻两番，但并没有更多的人说他们比 1957 年"更高兴些"。

对于消费品的生产者——企业来说，满足人的基本需求是其义不容辞的责任，也是企业提高其产品的市场占有率获取收益的关键。如何通过提升产品的质量（包括耐用性、环保性等）改变人们的消费意识和消费习惯似乎不应是企业所考虑的问题，但本书认为，这也是企业生态责任能力的具体体现。如果企业能从生态环境大局出发，在产品生产的同时推行环保理念，并实际运用到产品生产和流通过程中，也许"供给会自动创造需求"的场面会重新出现。所以，培育并提升企业生态责任能力对人们健康的消费理念的培养是非常重要的。

3.2.2　企业生态责任能力培养的方法

3.2.2.1　加强企业员工生态知识培训

"人力资本"这一概念最早是由美国经济学家舒尔茨于 1960 年首次提出并使用的，人力资本在市场经济比较发达的今天显得越来越重要，世界银行的一份研究报告表明，目前世界上 64%的财富依赖于人力资本。之所以出现这样的结果，是因为在企业价值实现过程中，"人力资本是活的资本，它凝结于劳动者体内，表现为人的职能（智力、知识、技能）、体能，其中真正反映人力资本实质的是劳动者的智能。人力资本是经济资本中的核心资本，是一切资本中最宝贵的资本，其根本原因就在于人力资本有无限创造性"[②]。由此可见，一个企业人力资本的多少是决定其成败的关键因素。一般而言，企业中的人力资本主要分为两大类，一类是管理者人

---

① 迈克尔·阿盖尔：《幸福心理学》（*The Psychology of Happiness*），转引自[美]艾伦·杜宁：《多少算够——消费社会与地球的未来》（毕聿译），长春：吉林人民出版社，1997 年版，第 22 页。
② 罗永康、张威：《论人力资本聚集效应》，载《科学管理研究》2004 年第 1 期。

力资本，另一类是一般员工。培训成为留住人才、增强企业人力资本的重要手段。在一份京、沪、穗、深的职业经理人的总体情况调查报告中，涉及了薪酬、福利、企业认可度、个人满意度、生存状况等情况的对比。其中在福利的调查项中，85.7%的经理人反映，与医疗、住房等其他方面的福利相比，他们更看重培训进修。事实上，80%的受访者表示他们将是否能享受到新公司提供的培训作为决定他们是否跳槽的一个因素。这种培训一方面是业务培训，目的是提升员工的业务水平；另一方面就是基本知识培训，目的是普及和增加员工的常识性知识和环保知识，提升员工健康环保理念。

据统计，我国逾千万家的企业经营管理人员，每年培训量不足 1%，一些发达国家企业包括中小企业在内的每年投入再学习的支出最低为公司薪资总额的 3%，我国大中企业对此的支出平均不足 0.5%，而且这些培训支出主要用于业务知识方面，对环保、安全等方面的培训支出则少之又少。对于一些国有企业来说，培训成了既爱又怕的"鸡肋"：投资培训，可以吸引人才，又是企业需要，但是培训后人才流失怎么办？这种在培训上患得患失无疑是众多企业的一块"心病"。所以，实现企业培训福利化[①]、常态化、生态化，是实现企业长远发展的基本战略要求。使员工培训成为如同每个员工都享有养老保险、医疗保险及薪水一样重要的权利，每个员工都应该享受企业培训，视员工培训为企业最大的福利，尤其增加环保、安全方面的培训更是如此。这是一种全新的理念，对于企业而言，培训是对社会的贡献，如同企业赞助公益活动、倡导社会效益一样，每个企业都有努力提高每一个作为社会一员的员工的生存技能，包括生态知识和自我保护的责任。这是企业生态责任能力提升的最重要的衡量指标。

3.2.2.2 建立产品生命周期服务系统，约束企业向可持续发展模式转变

建立企业产品生命周期服务体系是构建企业生态责任体系的最重要组成部分。产品生命周期服务就是要求企业对自己生产的产品建立档案，对产品在整个过程中提供跟踪服务，直至产品生命周期结束回收产品"残骸"。这个过程实际上是对产品负责，对消费者负责，对整个生态环境负责的最直接也是最经济的体现。因为只有企业自己对自己生产的产品最了解，对其"残骸"的拆解和再利用效率也是最高的，并且由于建立了产品档案，回收率也应该是最高的。宏观调控部门以及区域管

---

① 冯子标：《人力资本参与企业收益分配研究》，北京：经济科学出版社，2003 年版，第 191 页。

理部门应建立一套相应制度或者通过法律形式，对实施产品生命服务体系的企业给予支持，并通过补贴等方式鼓励企业尽量减少生产型消费及其生产过程中产生的废弃物，而对于违反相关法律规定随意丢弃产品"残骸"的企业则要采取严厉的惩罚性措施。这个过程可以约束企业建立可持续性生产模式①，使企业尽量节约资源，提高资源使用效率，减少污染。同时建立群众监督体系，实施举报有奖、丢弃惩罚等制度性措施，以避免流于形式，保证企业生态责任顺利实施，实现改善生态环境的最终目标。

3.2.2.3　提倡绿色消费，树立可持续消费的文化价值观

绿色消费作为一种全新的生活方式，正在成为人们追求的流行时尚。绿色消费包括三层含义：一是消费未被污染的或者有助于公众健康的绿色食品；二是注重对消费废弃物的处置，避免造成环境污染；三是转变消费观念，追求能节约资源和能源、保护环境的消费方式。绿色消费逐步成为人们消费的热点，需求不断扩大，有利于引导绿色生产。

3.2.3　构建企业生态责任能力指标体系

由于对企业生态责任的研究还处于初级阶段，衡量企业生态能力的具体指标如何设定目前并没有可以参考的依据，笔者也只是试着对此问题提出一点自己粗浅的认识和看法。是否具有科学性或者能否真正实现预期效果还有待时间考证。本书认为，企业生态责任能力至少应该包括以下几方面：①人力资本支持系统；②资金支持系统；③技术支持系统；④能源支持系统。

人力资本支持系统应该包括：①企业生态技术研发人员比例；②企业的人员（管理者及员工）生态知识培训（或者称生态知识普及）程度；③生态环境政策支持比例（包括管理者和员工两方面比例）；④企业社会责任政策支持比例（包括管理者和员工两方面比例）；⑤生态环境政策执行情况（以打分形式，从 0~10）等。

资金支持系统应该包括：①生态产品技术研发资金投入总额及比重（包括人均资金额）；②企业实际生态支出总额及比重（包括人均资金额）；③企业社会责任支

---

① 现在市场上很多产品过度包装很严重，一些企业为了吸引消费者眼球，追求所谓的"眼球经济"，往往把精力集中在产品包装上，其实，过度包装本身就是一种浪费，既浪费原材料又污染环境，是非常不负责任的。

出总额及比重（包括人均资金额）；④企业长期（5 年以上甚至 10 年以上）发展生态产品规划及准备金提取比例等。

技术支持系统至少应该包括：①生态产品技术研发能力；②现有技术生态价值评估（包括生态危害性评估）；③生态产品技术投入比例；④生态产品销售额及所占总销售额的比重。

能源支持系统至少应该包括：①清洁能源使用所占比例；②平均产品消费能源比例；③碳排放减少比例；④5 年（或者 10 年）内能源减少规划。

对于企业生态责任能力的具体指标设计应该本着以可持续发展理念为基础，以生态产品技术使用为依托，以减少碳排放、提高能源使用效率、提高清洁能源使用比例为基本目标，以人类社会总体福利增加为最终目标，从而实现使企业成为负责任的经济社会组织机构。这个指标设计应该是个不断完善的过程，可以根据一些区域性因素等进行调整，但总的原则应该是一致的。

3.2.4　完善企业生态责任能力监管体系

对于企业而言，履行企业生态责任，并培养企业生态责任能力，离不开完善的监管体系。对企业展开的生态责任监管越到位，企业就越有压力和积极性履行生态责任；否则，企业囿于成本的约束就没有十足的动力来履行生态责任，从而也就无意愿培养生态责任能力。所以，政府监管部门应该强化对企业履行生态责任的监管，并以培育和提升企业生态责任能力构建精准的监管体系。

3.2.4.1　政府监管部门要向企业明确培养企业生态责任能力的必要性

明确的目标是行动的先导。监管部门应该向企业明确培养企业生态责任能力，对于企业履行生态责任，从而提供资源节约型和环境友好型的高品质产品极为必要。让企业站在确保自身可持续发展和获得可观盈利水平的层面上，有主动性和积极性参与到企业生态责任体系构建中。与此同时，政府监管部门应该从执行效率和推进可行性的角度，为企业培养生态责任能力提供智力支撑，确保企业有明确的思路和可行的举措，从而将生态责任能力的培养真正落实到实处，而不是停留在纸面上。否则，企业生态责任能力就会成为空中楼阁，企业会继续以往的生产方式和经营理念，从而导致企业无心、无力履行生态责任和无愿、无能践行低碳经济理念。显然，这对整个生态文明建设极为不利。在这个意义上，向企业强调培养生态责任能力的必要性有助于从生产环节为推进生态文明建设注入参与动力。

3.2.4.2　政府监管部门要积极有效地开展监督行为

对于企业而言，监管既是约束，更是动力。监管不到位，企业就缺乏行动的鞭策力，就缺乏思想上的准确认知，从而就体现不出践行低碳经济的可行能力和可观绩效。为此，政府监管部门应当以效率为核心，以低碳减排为目标，以低成本执法为约束，以最大化生态收益为导向，构建符合国家战略发展需求、满足企业持续发展要求和保障消费者生态权益的监管体系。让企业有积极性构建生态责任能力培养体系，有主观能动性践行生态责任能力；而不是让企业缺乏环境成本约束。与此同时，政府监管部门也要有服务意识，立足于国家生态文明建设战略来约束自身的监督行为。一个最为基本的要求就是，政府监管部门不能设租寻租，不应该以生态责任能力培养为借口向企业寻找分利的可行性，不能让企业谈到监管者就心里畏惧。这就要求，政府监管部门必须牢固树立服务意识和公正执法理念，着眼于生产力发展的阶段性特征，以历史唯物主义的逻辑对企业开展生态监督行为。最终以监督增进整个国家的生态福祉，以监督为企业改变生产方式注入动力，以监督为消费者生态权益保驾护航。

3.2.4.3　消费者生态权益保障机制要加快构建并完善

消费者对企业所生产产品的认可是企业获得利润的首要前提，企业履行生态责任的出口环节就是向消费者提供生态质量高的产品，但是囿于现行的监管体系不完善，企业并没有向消费者提供高品质的生态特质的产品，从而导致消费者的生态权益无法得到有效保障。为此，需要从货币选票的环节出发，加快构建消费者生态权益保障机制，并积极完善该机制。有效的建议就是构建消费者生态权益保障举证倒置机制，降低消费者生态权益保障的高成本和不可行性，让消费者碰到自身生态权益被损害时，能够以较低成本切实维护自身生态权益。或者也可以引入第三方评价机构，借助市场分工的形式，高效率地、专业地对消费者生态权益保障被损害的程度进行客观评估，并将评估结果向政府监管部门提供。最终实现消费者能够高效地保障自身生态权益，并对企业损害消费者生态权益的行为进行严厉惩罚。

3.3　正确处理企业生态责任与利益相关者关系

"企业作为一个信息节点，它连接了诸多利益相关者。对于一个现实的企业来

说，从利益相关者的角度考虑企业的决策等价于企业利益最大化的决策。"①这是我
国学者杨瑞龙对现代企业经营模式的精辟概括。企业在自己的生产经营活动中并不
是孤立进行的，它不仅要考虑股东（投资者）的权益，而且要充分考虑与企业有关
的利益相关者各方的利益。因为利益相关者各方的行为选择将直接影响企业的现实
利益和长远的发展战略选择。

3.3.1 利益相关者理论及发展路径

关于利益相关者理论的研究最早可以追溯到爱德夫·伯利和嘉得纳·米恩斯
（Adolph Berle and Gardiner Means，1932），在其著作《私有财产与现代公司》一书
里曾指出："以所有者为一方和以控制者为一方，（他们）之间形成了一种新的关系。
（这一关系涉及）公司的参与者股东、债权人及某种程度上还包括其他债权人。"直
到 1963 年的斯坦福大学的一个研究小组才首次为利益相关者下一个完整定义，然
而，作为一个完整的企业理论分析框架则应归功于美国弗吉尼亚大学的弗里曼
（Freeman，1984）。一般认为利益相关者理论发展基本经历 3 个阶段，即企业依存
阶段［从爱德夫·伯利和嘉得纳·米恩斯（1932）到弗里曼（1984）］、战略管理阶
段［弗里曼（1984）到多纳森和普瑞斯顿（1995）］和动态利益相关者收益阶段［多
纳森和普瑞斯顿（1995）之后］。

3.3.1.1 企业依存阶段

斯坦福研究所对利益相关者的定义是："利益相关者是这样一些团体，没有其
支持，组织就不可能生存。它们是包括股东在内的受企业影响又能影响企业的企业
参与者。"这里强调利益相关者是企业生存的必要条件。换言之，利益相关者理论
的核心是"生存"，没有他们的支持，公司无法生存。②在其发展过程，利益相关者
理论本身就为企业的存在而努力。1965 年安斯弗（Ansoff, 1965）在其经典著作《公
司策略》中谈到了为其存在而奋斗的利益相关者理论，他认为，在利益相关者理论
中"责任"与"目标"不是同义的，而是统一的。1971 年泰勒预测利益相关者重
要性会减弱，并且在 20 世纪 70 年代预测经济的运行也将会有利于其他的利益相关
者。金和塞兰德（King and Cleland，1978）构思出一个工程原理中的利益相关者分

---

① 杨瑞龙：《企业共同治理的经济学分析》，北京：经济科学出版社，2001 年版，第 74 页。
② R.E. Freeman，*Strategic Management：A Stakeholder Approach*，Boston：Pitman，1984.

析。哈森和拉格哈姆（Hussey and Langham，1978）发明了一个有利益相关者参与的组织模型，并将其运用到公司计划过程中。而系统理论学家们在 20 世纪 70 年代也为利益相关者理论的发展做出了很大贡献。阿科夫（Ackoff，1974）发明了一套在组织系统中利益相关者分析的方法。他认为在系统设计上利益相关者的参与是必不可少的，而且利益相关者的支持与互动将有助于解决很多社会问题。查科曼（Churchman，1968）提出了以开放系统的视野解决社会问题的系统理论。利益相关者系统模型强调参与，并且认为不应该集中或分析路径去定义问题，而应该以扩大路径或者综合来定义问题。这对利益相关者内涵及基础性研究具有深远意义。

3.3.1.2　战略管理阶段

这一阶段以弗里曼的《战略管理：一个利益相关者方法》一书发表为标志，其后的一系列论文及著作都是围绕他的观点展开的。弗里曼认为，利益相关者是"任何影响公司实现目标或者受公司实现目标所影响的团体或个人"，并提出一个适合三层利益相关者分析的框架：利益相关者理性分析、利益相关者过程分析、利益相关者交易分析。他认为，公司是平衡利益相关者利益的工具。对于企业来说，利益相关者本身的界定是一个关键的问题。[①]在理性层面上，对"谁是组织的股东"以及"什么是他们意念中的利益相关者"的概念的弄清是必要的。在过程方面，有必要了解组织是如何直接或间接运行其与利益相关者的关系，以及这些过程是否与理性利益相关者相吻合。在交易方面，必须了解组织与股东的一系列交易组合，探讨它是否符合前述两项，而与利益相关者成功的交易是建立在理解利益相关者合法性以及懂得去认清利益相关者要求的过程。也就是说，弗里曼的重点是要从战略角度构建一种管理方法，将外部环境考虑到系统内部来，他提出了一个理解利益相关者概念的坚固理论基础，为以后这一领域的广泛深入研究铺平了道路。

3.3.1.3　动态发展阶段

这一阶段以多纳森和普瑞斯顿（Donaldson and Preston）[②]的公司利益相关者理论为基础，他们将弗瑞曼的三个方面做了统一。并进一步地将利益相关者研究的触角伸向利益分配领域，也就是动态利益相关者收益和利益相关者理论，一些经验型的研究同样可以证实利益相关者收益的理论意义。由于随着时间的迁移，利益相关者团

---

① R.E. Freeman，*Strategic Management：A Stakeholder Approach*，Boston：Pitman，1984.

② T. Donaldson，L. Preston，"The Stakeholder theory of the corporation：concepts，evidence and implications"，*Academy of Management Review*，1995，Vol.20，No.1，pp. 65-91.

体会发生变化，新利益相关者的加入并要求在很多利益方面为其考虑，同时另外一些利益相关者退出，而不要牵扯进这些过程。所以，动态性本来就是利益相关者概念的一个重要特征。而弗里曼本人也很赞同动态利益相关者这一概念，并且依据弗里曼（Freeman，1984）的理论，在现实中利益相关者变更是时有发生的，而且他们的利益变更依赖于不同情况下的战略问题。阿克发吉（Alkhafaji）①也对理解这一概念做出了贡献，为解释动态性，它把利益相关者定义为："由公司负责的一群人。"米歇尔（Mitchell）等②同样也有功于这一概念，他们从 3 个特征（或属性）对利益相关者进行了区分，即影响力、合法性和紧迫性。因为利益相关者具有这三方面的特征而区分于其他非利益相关者。他们认为，如果要成为企业利益相关者，就至少要符合以上一个特征（或属性），如果仅具有其中一个属性，其特征并不明显，称为"潜在利益相关者"，按照其拥有的特征不同，依次将利益相关者分为静态型、自主型、需求型、支配型、危险型、依附型、确定型和非利益相关者等。

这里通过加入紧迫性的特性，增加了经理层在思考过程中的动态因素，将这些特征联系起来，他们造就了一个动态的利益相关者理论。而后来的查克哈姆（Charkham，1992）按照利益相关者群体与企业是否存在交易性合同关系，将利益相关者分为契约型（包括股东、雇员、供应商、贷款人等）和公众型（包括消费者、监管者、政府、媒体、社区等）。克拉克逊（Clatkson，1995）根据与企业联系的紧密程度，将利益相关者分为主要的利益相关者（包括股东、雇员、顾客、供应商）和次要的利益相关者（如媒体等）；威勒（Wheeler）根据社会维度的紧密型差别将利益相关者分为 4 种：一级社会利益相关者（指与企业有直接关系包括顾客、投资者、雇员、社区、供应商等）、二级社会利益相关者（指通过社会性活动与企业形成的间接关系，如居民、相关团体等）、一级非社会利益相关者（指对企业有直接关系，但不与具体人发生联系，如自然环境、人类后代等）、二级非社会利益相关者（对企业间接关系同时不与人联系，如人类物种等）；卡罗尔（Carroll，1996）提出两种分类方法，一种是根据利益相关者与公司关系的正式性区分为直接利益相关者和间接利益相关者；另一种是将利益相关者分为核心利益相关者、战略利益相

① A. F. Alkhafaji，*A stakeholder approach to corporate governance. Managing in a dynamic environment*，Westport，CT：Quorum books，1989.
② R. Mitchell，B. Agle，D. Wood，Towards a theory of stakeholder identification and salience：defining the principle of who and what really counts，*Academy of Management Review*，1997，Vol.22，No.4，pp. 853-886.

关者和环境利益相关者。这里还有一个重要人物是布莱尔（Margaret. M. Blair），她的《所有权与控制：对二十一世纪公司治理结构的重新思考》一书很有代表性，是从企业理论角度出发研究利益相关者的，通过对所有权概念的解释及所有权带来的权利和责任的分析，提出"公司是未加集合的所有者"，具有"共同所有权"，认为"利益相关者是所有那些向企业贡献了专用性资产以及作为既成结果已经处于风险投资状况的人或集团"。

3.3.2　利益相关者理论在我国的发展

直到 20 世纪 90 年代，我国学者才开始关注利益相关者理论，这一研究主要是伴随企业的公司治理理论展开的。其中最具代表性的是杨瑞龙（1997，1998，2000，2001）、李维安（1998，2001）、崔之元（1996）以及周其仁（1996）等的研究。杨瑞龙（2001）的研究从基本企业理论模型出发，通过"资本雇佣劳动"和"劳动管理型企业"的比较，以及对联合生产、收入分配和企业治理的研究，得出了共享所有权及利益相关者"共同治理"的优越性，从而为利益相关者参与治理提供了基础，杨瑞龙关于控制权分配与企业治理、资产专用性角度的利益相关者分析、知识分工为基础的决策权配置与最优企业所有权安排、企业外部网络化对治理结构的影响等研究，提出"从单边治理到多边治理"的概念，也是对利益相关者治理的一个很好的概括。李维安是国内研究公司治理较早的学者，与杨瑞龙侧重从企业理论角度研究利益相关者参与的基础不同，李维安对利益相关者的研究更多的是从公司治理角度研究其参与实现机制。李维安（1998）提出中国国有企业治理应该实现从"行政型治理"到"经济型治理"的转型，构筑一个"经济治理型模型"，提出"公司治理边界"等重要概念，其中关于利益相关者的外部治理机制是极为重要的方面。崔之元（1996）从美国 29 个州修改公司法要求考虑利益相关者利益这一事实出发，提出了这是对"私有制逻辑的突破"。周其仁（1996）则提出了"企业是人力资本和非人力资本的一个特别市场和约"的命题，为员工等利益相关者参与公司治理提供了理论支持。当然，也有否定的声音，以张维迎（1996）为代表的主张"委托—代理理论"，坚持资本雇佣劳动，以及周清杰（2003）[①]对利益相关者理论从定义到

---

① 周清杰、孙振华：《论利益相关者理论的五大疑点》，载《北京工商大学学报社会科学版》2003 年第 5 期。

影响以及企业目标、社会责任等方面提出质疑。这些研究对我国企业完成市场化改造起到积极的促进作用，并且为企业制定长远战略提供了重要的理论支撑，具有很强的现实意义。

3.3.3　正确处理企业生态责任与利益相关者关系

利益相关者理论围绕企业"生存"问题展开研究。一个缺少长远发展战略思维的企业是很难做成"百年老店"的。企业的生产经营活动也不是孤立的，在充分考虑股东利益的同时，利益相关者的利益在现代市场中的地位越来越重要，因为利益相关者的某些行为将直接影响企业战略选择，必要时，利益相关者往往会采取"用脚投票"的方式抛弃企业，如果企业不能及时准确掌握相关信息并及时采取补救措施的话，损失的将不仅仅是眼前的利益，甚至会影响企业生存。所以，成功的企业肯定是一个负责任的企业，往往会主动承担相应的社会责任和生态责任，以博得利益相关者的认可和信任。

按照利益相关者理论的层级划分，与企业利益直接相关的政府、经销商、消费者、银行等部门的行为直接影响企业的"生存"。政府部门的信任能为企业创造宽松和谐的外部市场环境；银行的信赖能为企业提供充足的资金支持，为企业扩大再生产创造良好的融资环境；消费者的认可能保证企业产品的市场占有率，进而实现销售额的稳定增长；供货商的信任可使企业有稳定的原材料来源渠道，并可在一定程度上缓解资金周转的压力；销售商及代理商的忠诚有助于企业产品顺利地完成由产品到货币的"惊险一跃"，实现资金循环和周转的顺畅。可见，一个成功的企业首先是一个对于企业各方利益相关者及社会负有责任感的企业。这种责任感将决定企业发展前景及命运。有了这种责任感，企业就会在认真遵守政府制定的包括环境有关规定在内的各项法律法规的前提下，通过研发并使用更节能更环保的技术，采购合乎环境要求的原材料，并使用更少的能源，生产出对社会无伤害、对环境无污染、消费者满意的产品，在为股东获取丰厚利润的同时，整个社会福利也相应增加了，这是企业生态责任的最好体现。其实，企业在进行这样一系列动作后，并不影响其利润的获得；相反，在获得利润的同时，还会增加企业的社会影响力，为企业长远发展奠定良好的社会基础。

前述分析表明，利益相关者理论和企业生态责任理论具有内在的一致性，有效兼顾不同经济主体的利益，以增进他人利益来获取自身利益，是两者传递出来的基本行动逻辑。无论是利益相关者理论还是企业生态责任理论，在横向层面上实现不同经济主体的和谐共处是基本的价值诉求，以不同经济主体的合作而非冲突，在总量层面上增加合作收益，并遵照激励相容来合理分配增加的收益，让每个经济主体都能够在合作中享有收益，并借助激励相容进一步增加合作的意愿。所以，利益相关者理论折射出来的合作导向和企业生态责任呈现出来的激励相容原则，使得企业履行生态责任更具有自觉性和持久性。

第**4**章

企业生态责任生成的中观环境

对于中观经济研究是最近几十年的事情。长期以来，由于中观经济处于微观经济和宏观经济之间，往往处于被忽视或者被边缘化的尴尬境地。有的人认为，既然小有微观经济（个人、企业、市场等）大有宏观经济（政府宏观调控），那么中观经济就可有可无。但事实绝非如此，中观经济现象在我们的现实生活中随处可见，它既不是哲学讲的"感觉的复合"，也非虚无缥缈的"虚幻的假象"，是实实在在地以十分丰富、十分纷繁的表象出现在我们的面前，如产业经济问题、产业集群问题、产业结构优化与组合问题、行业协作问题、行业协会发展问题、区域发展趋势研究、区域渗透问题、小区域经济问题、县域经济问题、区域分工与合作、劳动力流动问题、横向合作与联合发展问题、诸侯经济问题、生态经济问题、循环经济问题等。早在 1981 年，我国著名经济学家于光远先生就曾对现实经济生活中的一些中观经济问题进行了研究，当时提出设想要研究涉及奶山羊饲养问题、小氮肥厂问题、节约能源、发展水电以及环境保护、排污收费等在内的一两百个问题[①]。这种中观经济问题从横向讲，是一个区域性问题，从纵向讲，又是一个产业或者行业问题。它是介于微观经济与宏观经济之间又有别于二者的局部经济现象。有时它起到一种"中介"功能，是宏观与微观的结合点，所以，中观经济发展的好坏直接反映国家宏观经济政策贯彻执行情况，也直接影响微观经济（主要指企业）的生产积极性。

---

① 转引自王慎之：《中观经济学》，上海：上海人民出版社，1988 年版，第 6 页。

例如，就循环经济问题而言，它是 20 世纪 60 年代才产生的一种经济现象，以"资源—产品—再生资源（废弃物循环利用，成为下游产品原材料）"的反馈式循环经济模式替代了传统的"资源—产品—污染排放"的单程式线性经济发展模式。这种经济模式至少包括 3 个方面的循环，从小的方面讲，它是企业本身实施清洁生产的内部循环；从中的层面讲，它是在产业层面上实施环境产业和生态园区建设；而从大的方面讲，它是对国家发展循环经济战略、转变经济增长方式、建设"循环型社会"的具体落实。那么，对于企业而言，参与发展循环经济建设的根本目的肯定也是从自身利益出发的，因为"人们奋斗所争取的一切，都同他们的利益有关"，[①]也就是说，企业要首先考虑盈亏才决定是否投资或者生产，这是企业本性（或者叫资本的逐利本性）所决定的。因为循环经济是国家支持的朝阳产业，国家有对行业发展大力扶植的优惠政策，并且能减少生产成本，产品市场前景广阔，企业当然愿意参与其中。

中观经济以微观经济为基础，把微观经济（主要是企业）作为直接和间接的管理对象。就是说国家对部门经济和地区经济的管理，只有通过中观经济的"二传手"后才作用到微观经济（企业），所以中观经济在整个经济管理过程中负有承接宏观经济指令的使命，发挥着间接的"中介性"管理经济的职能作用。又由于中观经济实际上是一个部门（产业）或一个地区（区域）的一个个相互联系的微观主体——企业组成的，这个群体需要的管理和服务按照"属地原则"应该主要由中观经济来提供。所以，完善中观经济环境对充分发挥市场经济各个主体积极性，对于培育和完善市场经济体系有着非比寻常的作用。按照秦尊文的划分，中观经济理论应该包括经济结构理论、部门与地区发展理论、基础设施理论、环境保护理论、集团协会理论等。[②]对于企业生态责任发展与中观经济的关系主要是通过发展企业所处行业的自律性管理和区域性管理来培养和规范整个行业（产业）的行为，增强行业生态责任意识，从而带动行业中的企业按照相关生态标准规范本企业行为，同时，通过培养企业的生态责任能力，进一步完善构建企业生态责任能力评价体系，最终实现企业自主履行生态责任的社会环境。

---

① 《马克思恩格斯全集》（第一卷），北京：人民出版社，1956 年版，第 82 页。
② 秦尊文：《中观经济刍议》，载《江汉论坛》2001 年第 1 期。

4.1 企业生态责任与行业（产业）自律

4.1.1 行业协会的发展有利于企业自律意识的培育

产业经济是现代经济学中的微观和宏观经济没有涵盖的中观经济。"'产业'作为一个概念，在逻辑学里属于'集合概念'。所谓集合概念，是指把同类对象集合为一个整体来反映的概念。产业就是具有同一属性（如同一种商品市场、相似的技术工艺等）的企业的集合。与此同时，产业又按某种标志（如产品经济用途、生产发展阶段等）对国民经济进行划分的一个部分或层次。"[①]它更多的是以行业协会形式表现的。一般认为，行业协会属于非营利性组织，其自身活动以会员企业和整个行业的发展为基本目的，在市场活动中，积极提供一切可能为会员服务，使其能够更好地开拓市场、提高竞争力以及通过信息交流，促进行业技术进步、形成技术标准、连接市场与企业等作用。同时，能积极开展行业自律、规范行业秩序以及维护公平竞争等，这点也是行业协会所特有的、其他组织不可替代的。

行业协会的发展在一些发达国家已经相当成熟，尤其一些环保组织的发展对整个环境产业发展起到非常重要作用。例如，美国的一些关于保护环境的法律就是在环境保护的民间组织的呼吁下逐步催生的。荷兰的共同协议就是比较典型的行业自律形式[②]。在环保领域，早在1989年，荷兰政府和企业之间就已经协商达成一系列协定，紧接着关于控制温室效应气体排放的环境政策相继出台，具体规定二氧化碳、水等的排放标准。为实现经济发展所需开发的新能源减量效应都量化等目标，政府便与行业协会签订一系列长期协定（long term agreement），长期协定由荷兰能源研究所（Novem）评估各个行业节约能源的潜力，并拟定出各企业均可采用且合乎经济效益的方案，然后由产业工会、经济部和荷兰能源研究所共同签订这些长期协定，最后许多公司通过一份文件公示，最终同意者将加入长期协定并成为其会员，遵守行业协会相关规定。到1996年9月，荷兰政府已经签订了31个长期协定，参与企业达1 000之多，涵盖了工业界90%以上的能源使用。可见，行业协会的发展对控

---

① 朱明：《产业经济研究》，北京：中国纺织大学出版社，2000年版，第3页。
② 倪健民：《国家能源安全报告》，北京：人民出版社，2005年版，第185页。

制污染排放、提高能源使用效率所起的作用是非常重要的。在这一过程中企业自律意识在不断加强，不仅从企业自身利益出发，也从整个行业发展角度都起到关键性作用。这种自律意识的加强有助于提升企业的"软实力"，为提高企业的市场竞争力奠定重要的基础。

4.1.2 培育企业自律意识有利于提升生态责任意识

自律是行业成熟的标志，也是社会进步的表现。一个不愿意承担责任的行业或企业是得不到社会公众的信任的，其发展也必然受到限制。培养企业的自律意识有利于增强企业的社会责任意识。事实上，企业的自律意识是企业规范自身行为、履行相应义务的最基本的前提，随着社会的发展，法制逐步规范和完善，"暴发户"式的发展模式已经成为历史翻过的一页，只有规范的、适应社会市场规律发展的企业，社会才会给予其更大的发展空间，所以，通过行业协会努力发展相应企业的自律意识进而培育企业的社会责任意识已经成为规范企业行为的趋势。当企业能自觉遵守法律法规，主动履行应承担的社会责任和义务时，其发展思维绝不仅仅限于企业自身利益，生态责任意识的提升也会变成顺理成章的事情。所以说，从长远发展来看，培育企业自律意识可以提升企业的生态责任意识。

4.2 企业生态责任与区域产业政策管理研究

首先对区域的范围进行界定①，比较认可的界定方法有 3 种，即均质区域法、极化区域法和行政区域法。均质区域法是指按内部性质具有相对的一致性而外部性质具有较大差异性为标准来划分区域的方法，主要强调所属区域共性，如长白山林区；极化区域法是指按照区域增长极的关系来划分区域的方法，强调增长极对关联地区的辐射作用，如珠三角地区、长三角地区；行政区域法是指政府为了管理方便按照行政区域来划分经济区域的方法，强调经济区域中国家行政管理的重要性，如东北地区、华东地区等。由于各个区域（地区）之间地理环境、自然资源禀赋等存在很大差别，尽管存在国家宏观经济政策指导和总量调控，但各个区域（地区）实

---

① 对于中观经济区域范围的界定，详见周扬明：《中观经济本论》，北京：经济科学出版社，2006 年版，第 216 页。

施的产业政策也只能是在国家宏观政策的指导下，根据本地区（区域）实际情况制定适合本区域（地区）经济发展的具体措施。如果某一区域（地区）某种资源占有得天独厚的优势，那么该地区一定会围绕这种资源大做文章，在政策制定上往往会采取向这种资源相对倾斜的态度，并且把这种资源的开发利用作为本地区的主要经济增长点，一定程度上会刺激当地企业对这种资源的资本投入情有独钟。如果当地的管理部门针对宏观调控政策采取"上有政策、下有对策"的管理态度，尤其一些中小资本的介入，出现开采过程中资源浪费严重、资源利用效率低下、污染严重以及安全事故频发等现象也就不难理解了，更谈不上企业承担什么社会责任、生态责任了。事实上，我国一些资源大省以及一些曾经辉煌一时的资源型城市的发展路径已经把答案明确地告诉了我们。可见，完善中观经济区域管理是发展和完善市场经济体制必不可少的重要环节，也是培养企业生态责任的关键一环。

4.2.1　区域产业政策有利于企业生态责任发展

进行中观区域政策管理主要是对区域内的产业结构及环境政策进行调整和升级。区域产业结构政策的基本目标是在一定时期内，根据本地区的地理环境、自然资源条件、经济发展阶段、科技水平、人口规模以及区域经济条件，通过对产业结构进行动态调整，以保持各产业相协调化和高度化发展，其核心是在尊重市场功能的基础上，通过政府采用各种必要手段和措施，对过剩生产能力实行有序退让、对战略产业实施保护、对主导产业进行正确选择、对新兴产业实行扶持，借以实现和实施产业结构政策，促使自然资源和人力资源得到充分高效的利用，通过制定和实施产业结构政策，实现各产业间和产业部门间相互促进、协调发展的良性循环，通过区域产业政策的调节，实现资源的合理配置，并充分发挥区域的比较优势。[①]这里隐含着一个基本前提，那就是区域产业结构政策的制定和调整必须在遵循实现可持续发展的大背景下进行，同时进行环境政策改进，只有这样，区域结构政策的目标才能得以最终实现。

4.2.1.1　区域产业结构政策直接影响企业生态责任的实施

企业的生产经营首先要遵守国家各项法律及各项规章制度，履行企业的法律责

---

① 周扬明：《中观经济本论》，北京：经济科学出版社，2006 年版，第 223 页。

任，这是企业义不容辞的。由于企业"经济人"逐利的本性必然使一些企业寻找法律边缘打"擦边球"以获得"超额利润"，按照"属地原则"，企业又必须在一定区域管辖范围内，直接受区域产业结构调整的经济政策影响较大。当地政策鼓励什么、限制什么企业当然心知肚明，如果当地区域产业结构政策部门根据当地资源、地理等方面的优势在选择主导产业时，配以环境政策的改进，限制资源利用率低下、浪费严重、污染严重的企业发展，进而鼓励发展那些使用高科技产业技术、充分利用资源、污染排放低的企业，产业结构才能真正实现升级。这个过程本身就是通过产业政策和环境政策的协调整合使企业朝着低消耗、低排放、高产出的方向发展，规范企业行为，事实上就是在帮助企业履行生态责任。

4.2.1.2　企业产品结构升级有利于企业生态责任的发展

区域产业政策的限制和鼓励都会刺激一些新的企业产生甚至一些新兴行业的发展，因为企业自身也会根据相应产业政策和环境政策的调整而调整自己的发展战略。随着人们环保意识的不断增强，对企业产品的环保要求也越来越高，必然会刺激企业采取相应措施，如通过淘汰旧的生产设备本身就是在减少能源浪费，提高资源的使用效率；通过采用更加环保的新技术等措施实现产品结构升级就是在为市场提供品质优良、能耗低、污染小的环保产品；或者通过对新兴市场的研究，寻找新的市场商机，开发出更适合现代消费者使用的耐用消费品，进而获取超额利润。可见，企业在产品结构升级的过程中，既可以通过相应产业政策调整的优惠政策等寻求获取超额利润的空间，又可以通过为消费者生产环保耐用的消费品取得市场占有额，减少了原材料的消耗水平，提高了能源的利用效率，具体体现了企业在生产过程中承担的生态责任。所以，产业结构及产品结构的升级对企业生态责任的发展将起到促进作用。

4.2.2　区域产业政策与环境政策具体措施

一定区域内产业政策调整如能配以环境政策改进，其政策效果会大不一样。传统的环境管制的办法，往往是"命令与控制"型管制，这种方法因为实现目标的手段显得很不灵活。因为，它更倾向于迫使每个企业承担同样份额的污染控制负担，而很少考虑相应的成本差异问题，在具体实施过程中，通过技术标准和绩效标准进行评价。技术标准给企业指定特别的方法甚至特定的设备配合管制；绩效标准则对企业指定统一的控制目标，但往往在实现目标上给予一定自由度，如要求企业在一定时间段内限制某种污染物的排放量，但并不具体说明用何种方法达到此目的。如果给企业制定的目标成本太大，有时会起到相反的作用。所以，此种"命令与管制"型方法控制污染存在的弊端也很明显，并且不利于治污技术的发展。

基于市场型的政策工具相对于传统管制方法具有两大优点：一是低成本高效率；二是技术革新及扩散的持续激励。①从理论上讲，设计适当并得以实施的基于市场的政策工具以最低的可能社会成本实现任一期望水平的污染削减。一般会达到污染削减成本最低的企业被激励去进行最大数量的污染削减，同时，由于市场导向型政策工具能提供强烈的刺激，使得企业去采取更为经济和成熟的污染控制技术，并且从中受益，这与政策制定者的初衷是一致的，使得企业在履行生态责任的同时获取收益，达到了保护环境的最终目的，实现了一举多得的政策效果。

4.2.2.1 实施排污许可证交易

排污许可证交易，即排污权交易。就是以污染物排放权利为内容的市场交易，以实现排污量的最优化。即通过一定的管理程序，建立合法的污染物排放权利，以许可证的形式将这种权利发放配置给不同的生产者，并且规定这种权利可以在市场上自由交易。②它是一种区域内控制污染排放的工具，目前已被一些发达国家所采用，并取得了很好的污染控制效果。该工具的理论创立者是科斯（Coase，1960）。这个为了控制排污量或者产出总量而设置的可以交易的工具目的是在确定环境总量的同时，允许经济上由于人口增长、技术更新等因素带来的一些变动，意味着那些分配的许可证必须具有可交易性。最早具体实施的是美国经济学家戴尔斯（Dales，1968），最开始他建议在加拿大的安大略省建立一个能够出售水体"污染权"的权力机构，有地方权力机构根据企业各自的污染需求和削减成本分配各企业的污染权，此机制的效率已经得到论证（Montgomery，1972），之后被美国国家环保局用于大气污染源及河流污染管理，而后澳大利亚、德国、英国等发达国家相继进行了排污权交易的政策实践。

根据托马斯·思德纳的研究，排污许可证交易理论上是这样实现控制污染的：管理者利用总污染控制和总污染曲线的信息，确定总排放量的社会最佳水平

① [美]保罗·R. 伯特尼、罗伯特·N. 史蒂文斯：《环境保护的公共政策（第2版）》（穆闲清、方志伟译），上海：上海三联书店、上海人民出版社，2004年版，第43页。
② 高有福：《环境保护中政府行为的经济学分析与对策研究》，长春：吉林大学经济学院，2006年。

$(E^* = \sum e^*)$，并且发放相应的许可证。这些许可证分配给每个企业，因此每个企业都可以得到 e_{i0} 个许可证。企业只要遵从交易限制，就可以自由选择它所要的产品、减污量和许可证的组合，因为它必须拥有与排污水平相等的许可证。

企业在这个限制条件下的最大化利润[①]为

$$R = \max Pq_i - c_i(q_i, a_i) + p[e_{i0} - e_i(q_i, a_i)] \tag{4.1}$$

式中：P —— 产品价格；

q —— 产量；

i —— 一家企业；

c —— 边际成本；

a —— 削减量；

p —— 许可证价格；

e —— 排污量。

企业拥有正的产量和减污成本的一阶充分必要条件是

$$P = c'_q + p_e e'_q \tag{4.2}$$

$$c'_a = -p_e e'_a \tag{4.3}$$

具体做法是：①政府部门确定一定区域的环境质量规划，并委托技术专家根据规划对该区域的环境容量进行评估。具体推算出该区域某种污染物（如镉、锰、铅等重金属及 COD、CO_2 或 SO_2 等）的最大允许排放量；②将推算出的污染物最大允许排放量分割成若干份，成为企业的排污权利；③政府一般选择公开竞价拍卖、定价出售或无偿分配等方式分配这些权利，并且建立排污权交易市场，使这一权利能够合法地买卖；④排污者（企业）可以根据自身利益的需要，自主决定其污染治理程度，从而选择买入或卖出排污权。排污权交易机制的建立有助于消除隐含在财产权缺失中的"外部性"，或环境的"公共产品"特征的外部性，为缓解环境治理压力赢得时间。同时，它兼有成本效率和环境质量保障的优点，就目前而言，为控制污染排放不失为较好的政策。我国 1989 年在上海黄浦江部分污染源试行了排污权交易政策，1991 年开始在包头、开远、柳州、太原、平顶山和贵阳等城市尝试大气污染的排污权交易。事实证明，此项制度可有效控制污染，节省治理污染源的总费用。

[①] 参考托马斯·思德纳：《环境与自然资源管理的政策工具（2002）》（张蔚文、黄祖辉译），上海：上海三联书店、上海人民出版社，2005 年版，第 125~126 页。

4.2.2.2　探索建立"控污银行"

随着排污权交易的不断深化，交易主体的不断增多，排污权交易的范围和交易品种会越来越广泛，交易过程也会越来越复杂。因此，信用关系在排污指标的买卖中就会变得越来越重要。鉴于此，有必要建立一种能稳固排污权交易的信用基础，促进排污权交易范围的拓展和提高排污权商品的交易效率的协调性组织，这种组织就是"控污银行"。该设想最早来自美国国家环保局 1979 年通过的排污银行计划。按照这一计划规则，各污染源可将一定时期富余的污染权存入排污银行，以便在将来合适的时间出售或使用。

"控污银行"是专门发行、经营排污指标，充当排污权交易中介调节者的经济组织，排污指标的流转是其一切经济活动的基础和主体。①之所以提出建立"控污银行"的构想，是因为合理的"银行"制度比其他环境管理制度具有更强的环境经济调控功能。相对于一般银行而言，"控污银行"具有四大基本功能。①存贮功能，控污银行可以吸纳企业超额排污指标（相当于一般银行的储蓄存款），以备不时之需；②借贷功能，控污银行可以根据企业需要，在总量允许的情况下，经所有者同意，将排污指标进行"借贷"，在帮助企业的同时，获取一定的中介费用；③调节功能，包括能通过排污指标的贷放数量来控制影响区的污染物排放上限，通过"利率"杠杆来控制其影响区内的排污指标流通量，通过排污指标的"汇兑"来控制区域间的污染转嫁等；④对环境经济资源的"纳吐功能"。

"控污银行"制度的确立有利于把企业的除污行为由单纯的强制性外部行为转变为受益性自觉性行为，有利于把目前"谁污染，谁治理"的事后惩罚原则转变为"谁保护，谁受益"的事前激励原则。使长期以来不具有交易性的环境资源也具有了营利性，在增强企业环境意识的同时，增强对环境资源利用的公平性，并最终从根本上有效地控制环境管理中的"免费搭车"问题，为企业承担生态责任提供事实上的依据和操作上的可行性。

北京环境交易所有限公司（简称"北京环交所"）经北京市人民政府批准设立，注册资本 3 亿元人民币，是我国国家级集各类环境权益交易服务于一体的专业化市场平台。作为国家发改委备案的首批中国自愿减排交易机构、北京市政府指定的北京市碳排放权交易试点交易平台，以及北京市老旧机动车淘汰更新办理服务平台，

---

① 高有福：《环境保护中政府行为的经济学分析与对策研究》，长春：吉林大学经济学院，2006 年。

已经发展成为国内最具影响力的环境权益交易市场之一。自 2008 年 8 月 5 日挂牌成立以来，北京环交所不断探索用市场机制推进节能减排的创新途径，相继成立了碳交易、排污权交易、节能量交易和低碳转型服务等业务中心，形成了完整齐备的业务链条，在交易服务、融资服务、绿色公共服务和低碳转型服务等方面开展了卓有成效的市场创新。北京环交所以"为环境权益定价、为低碳发展融资，整合市场力量、建设美丽中国"作为自己的使命。

作为中国碳市场重要的参与者、建设者和推动者，北京环交所一直着眼首都节能减排、国家低碳发展和国际气候合作的大局，致力于将北京碳市场建设成为全国碳交易中心市场和绿色金融创新中心，国际重要的碳定价中心以及中外气候合作市场平台。北京环交所是中国自愿减排交易市场主要的开拓者，开发了中国第一个自愿减排标准"熊猫标准"，推出了中国第一张低碳信用卡，推动完成了一系列知名机构的碳中和案例；在《温室气体自愿减排交易管理暂行办法》颁行后，环交所作为国家发改委备案的全国自愿减排交易机构，已经发展成为中国核证自愿减排量（CCER）的主要交易平台。

2013 年 11 月 28 日，北京市碳排放权市场正式开市交易。作为北京市碳排放权交易试点指定交易平台，环交所在市发改委和市金融局等主管部门的指导支持下，全力组织交易活动、主动开展能力建设、创新研发金融产品、不断推进跨区协同、积极推动国际合作，北京碳市场交易规模及活跃程度均位居全国试点碳市场前列，不但顺利支撑完成了北京市年度碳排放权履约工作，还在全国率先实现了跨区碳排放权交易，为参与全国碳市场建设积累了丰富的运营经验。

2015 年 9 月 25 日，习近平主席在《中美元首气候变化联合声明》中郑重宣布，中国将在 2017 年启动全国碳排放交易体系，覆盖钢铁、电力、化工、建材、造纸和有色金属等重点工业行业。全国统一碳市场投入运营后，将超越欧盟碳排放交易体系（EU ETS）成为全球最大的碳市场。并努力将北京建设成为全国碳交易中心市场，稳步发展成为金融化、国际化的碳市场，为控排机构提供碳排放履约便利，为金融投资机构提高碳交易流动性，为实体经济拓宽绿色投融资渠道，为繁荣首都要素市场、服务国家低碳发展、应对全球气候变化不断贡献力量。目前，主要业务围绕碳交易中心、排污权交易中心、节能量交易中心和低碳转型服务中心开展。相信北京环交所在落实创新、协调、绿色、开放、共享五大发展理念方面，将会为生态文明制度建设做出更重要的贡献。

4.2.2.3 推行自愿协议环境管理方式

从国际环境保护管理发展趋势看，除继续实施强制性措施外，更多地在开始倡导和运用鼓励性方式，以更加灵活的方式，鼓励企业实现比现行环保法自愿协议标准更高的环境表现。根据科斯的产权理论，自愿协议是解决环境问题的重要手段。这种方式不仅能调动起企业的自觉性和主动性，而且可以降低环境成本，这是对传统管理模式的重要补充和发展，成为西方国家广泛兴起和运用的一种重要环境管理方式。自愿协议有多种形式：有企业自己制定的、有企业与政府有关部门商定的、有企业与政府和 NGO（环境保护的民间组织）共同商定的、有企业与 NGO 商定等等。其中，企业与政府的协议约束力最高，因此成为一种重要方式。

自愿协议包括具体的环境目标和实现目标的时间表，以及签约方的责任与义务。在企业实现协议目标以后，经政府有关部门评估认可，将给予鼓励（奖状、环境标识、新闻媒体的宣传等），甚至给予资金补贴，企业从中可以得到直接或间接的经济效益；如果违约，也要受到约定的处罚。自愿协议实际上也是一种交易，在大多数的情况下，自愿协议等同于合同。自愿协议涉及广泛领域，工业、交通运输、建筑业、商业、城市公用事业、农业，等等。其中工业和能源领域占有最大的比重。在欧盟国家中，废物管理、空气污染、气候变化、水污染、臭氧层保护和土壤污染是自愿协议的重点。

自愿协议已成为国外环境管理政策的重要内容，西方国家推行自愿协议方式虽有二三十年的历史，也只是在近年间才引起更大重视并推行起来，并逐渐显示出强大的生命力。我国也应大胆地借鉴，完善和发展自己的环境管理，为我国的环境保护事业服务。从欧盟国家实施的自愿协议来看，形式多种多样，并没有一种固定不变的样式。只要不违背法律规定，有利于污染控制和改善环境，自愿协议形式可以自由商定。

4.3 企业生态责任与循环经济

人与自然之间的关系大体经历了崇拜自然、征服自然和协调自然 3 个阶段，这 3 个阶段是人类认识自然、认识自我的发展过程的具体体现。循环经济的思想是第 3 个阶段中人与自然协调发展的重要思想之一，它主张"3R"（reduce、reuse、recycle）原则，蕴含着丰富的生态责任思想。循环经济本身就是社区经济概念，所以属于中观经济研究范畴。

4.3.1　循环经济的内涵及原则

循环经济的思想早期萌芽可以追溯到 20 世纪 60 年代美国经济学家肯尼斯·博尔丁（Kenneth E. Boulding）的"宇宙飞船理论"，博尔丁区分了两种不同的经济形态，他将开放经济称为"牛仔经济"和未来的封闭经济称为"太空人"经济，①并形象地称地球就像一只孤立的"宇宙飞船"，"它的生产能力和净化污染能力都是有限的。这个循环生态系统能够通过消耗能量而不断地进行物质再生产，人类必须找到自己在其中所处的位置"，如果不合理开发资源，肆意破坏环境，其结果只能是走向毁灭。我国著名社会学家冯之浚（2004）教授基于不同的社会历史状况、技术水平经济发展的前提条件及其运行机制对环境问题的不同理解，借鉴科学发展的"范式"理论，把循环经济思想与之前生产的末端治理模式归纳为生产末端治理范式和循环经济范式。②吴季松教授（2005）则认为发达国家的后工业化就是循环经济③。事实上，循环经济就是按照自然界最基本的生态物质循环方式运行的一种经济模式，它要求用生态学规律指导人类社会的基本经济活动。循环经济的本质特征就是资源的节约和循环利用，因此，循环经济也可以称为资源循环型经济。它遵循资源利用的减量化（reduce）、产品的再使用（reuse）以及废弃物的资源化（recycle）原则，简称"3R"原则④。资源利用的减量化（reduce）原则就是要求用较少的原材料和能源投入来实现既定的生产及消费的目的，在人类经济活动的源头上就已经开始注意资源的使用效率以及减少污染的排放。在生产方面，减量化原则常常表现为要求产品体积小型化和产品质量轻型化，同时，强调产品包装从简化，

---

① [美]肯尼斯·博尔丁：《即将到来的宇宙飞船地球经济学》，载赫尔曼·E. 戴利、肯尼思·N. 汤森：《珍惜地球——经济学、生态学、伦理学》（马杰、钟斌、朱又红译），北京：商务印书馆，2001年版，第340~341页。

② 冯之浚：《循环经济导论》，北京：人民出版社，2004 年版，第 10 页。

③ 吴季松：《新循环经济学》，北京：清华大学出版社，2005 年版，第 8 页。

④ 我国学者对循环经济的内涵及原则提出了不同的看法，吴季松教授在 2005 年阿拉伯联合酋长国首都阿布扎比举行的思想者论坛大会上就提出了"再思考（rethink）、减量化（reduce）、再使用（reuse）、再循环（recycle）、再修复（repair）"的"5R"原则；刘静暖、代栓平则在"3R"基础上，增加了"再生性原则和替代性原则"的"2R"，变成了"5R"原则。详见刘静暖、代栓平：《对循环经济的再认识——从"3R"到"5R"》，载《税务与经济》2006 年第 2 期。

产品功能多元化，以实现减少废弃物排放的最终目的。产品的再使用（reuse）原则强调产品在完成其使用功能后要尽可能重新变成可重复利用的资源而不是有害的垃圾。即从原材料到制成品，经过市场循环后消费变成所谓"废弃物"，再次回到生产过程中，遵循"生产—消费—生产"的循环系统模式。废弃物的资源化（recycle）（或称再循环）原则则强调产品和包装器具能够以初始的形式被多次和反复使用，而不是一次性消费，使用后直接丢弃。同时要求系列产品和相关产品零部件及包装物兼容配套，产品更新换代零部件及包装不淘汰，可为新一代产品和相关产品再次使用。循环经济的这些基本原则构成了循环经济的基本思想，其根本目的就是通过尽量约束生产者（企业）对资源的使用最小化，最终实现资源利用最大化、社会福利最大化、污染最小化，这与实现企业生态责任的最终目标殊途同归。

4.3.2 循环经济蕴含着丰富的企业生态责任思想

4.3.2.1 传统经济运行模式和生产末端治理模式中的企业缺少生态责任

循环经济理论是相对于传统生产模式及末端治理模式而言的，在工业化社会之前，人类长期生活在自给自足的自然经济中，尤其在早期，由于当时生产力非常低下，人类在自然面前显得软弱无力，只能顺从与依赖，因而对自然的态度是崇拜和敬畏。到了农业社会，生产力水平有了第一次飞跃，人类控制自然、改造自然的能力也在不断地增强，为了自身的生存需要，人类开始砍伐森林、开山修路、烧毁草原种植庄稼等。当人类看到自己努力的结果取得如此成就，征服自然、改造自然的"信心"大增，也就是在这时开始，人与自然的关系逐渐走向对立、冲突的境地。随着科学技术的迅猛发展，人类征服自然、改造自然的能力不断地增强，伴随资本主义的迅速发展和第一次工业化革命的出现，人类开始进入工业化社会，此时，对自然的掠夺达到近乎疯狂的程度。事实已经证明，在数百年的工业革命进程中，已经人为地阻断了人与自然之间的联系，人类"战胜"了自然，但自然也毫不客气地报复了人类，使人类社会的发展陷入困境之中。

从人类社会发展的历程来看，传统的农业经济和近代工业经济发展模式基本上是以人类的需求为中心，以"高开采、低利用、高排放"为基本特征，以"资源—产品—污染物"作为社会运行模式（图4-1）。

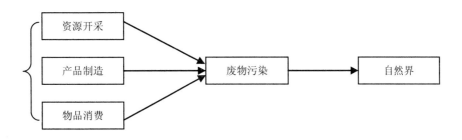

图 4-1　传统经济运行模式

这种经济运行模式不断地从自然中索取资源，取得自己所需之后，制造的污染物直接排放到大自然，根本没有考虑人类的经济活动对自然环境的冲击和影响，是彻头彻尾的不负责任的运营模式。

随着工业化的进一步发展到中后期，环境问题已经成为发展的制约因素，一些重大的环境事件（如 1943 年的洛杉矶光化学烟雾事件、1952 年的伦敦烟雾事件、1953 年的日本水俣事件等）给工业化发展模式敲响了警钟，人类开始思考新的发展模式。在一些西方发达国家开始投入大量的资金、人力和物力研究解决环境污染的治理问题，但基本思路仍局限在"先污染、后治理"的末端治理模式（图 4-2）。

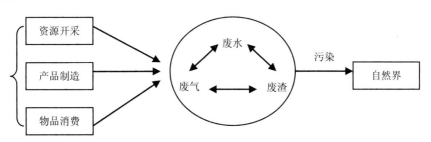

图 4-2　生产末端治理运行模式

生产末端治理模式主要通过在产业链的最末端或是在污染物排放到大自然之前，对其进行物理的、化学的或者生物过程的处理，以最大限度地减少污染物的直接排放。该模式尽管可以减少污染物排放对环境的直接影响，但仍无法从根本上彻底解决生态危机问题。

4.3.2.2 循环经济运行模式蕴含丰富的生态责任思想

20 世纪 90 年代之后，可持续发展思想越来越受到世界各国的重视，由于传统模式和末端治理模式都不能从根本上解决环境问题，一些有识之士开始寻找适合人与自然共生共荣、和谐发展的经济运行模式，循环经济模式就是在长期探索中寻找到的一种符合可持续发展目标的经济运行模式。循环经济把清洁生产和废弃物的综合利用融为一体，即要求物质在经济体系的运行中多次重复利用，进入系统的所有物质和能源在不断进行的循环过程中得到合理和持续的利用，达到生产和消费的"非物质化"，尽量减少物质特别是自然资源的消耗；又要求经济体系排放到自然环境中的废物可以为环境同化和分解，并且排放总量不超过环境的自净能力。基本思路是在整个循环生产过程中，上游部门的废弃物可以用作下游部门的原材料，基本实现"低开采、高利用、低排放"，其循环模式为"资源—产品—再生资源"（图 4-3）。

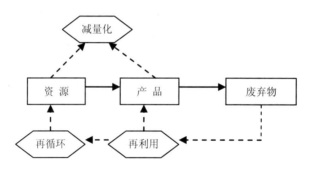

图 4-3　循环经济运行模式

目前，循环经济模式已经成为许多国家环境和经济发展的主流，在德国和日本等发达国家已经具有相当规模，并且产生了可观的经济社会效益。从本质上讲，循环经济运行模式是人类对难以为继的传统发展模式的一种反思后的创新，是人与自然之间"不断争斗"的结果，是人对自然环境在认识上不断进步的结果。它将生态环境问题引入工业生产，并延伸到一切与国民经济发展有关的领域，将环境保护与经济发展运行模式统一起来进行考虑，突破了原有的环保理念。对于参与其中的企业而言，在生产过程中既能充分利用上游产品的"废弃物"作为资源，减少了运输成本，实现了清洁生产的同时，自己生产的"废弃物"或副产品也可以变成下游产品的原材料，减少了污染处理费用，减少了直接向自然排放污染物，又可以生产出耐用的环保产品，在实现自己利润的同时，实现了履行生态责任的目标。从循环经济的整个运行过程中来看，本身就具有丰富的生态责任理念，这是人类社会发展中有决定意义的进步。

4.3.3 循环经济的推广是对企业生态责任的诠释

循环经济推广与企业生态责任具有内在的一致性。无论是循环经济，还是企业生态责任，它们的价值诉求没有本质上的差异，都是为了构建人与自然的和谐关系，都是实现资源节约型和环境友好型社会，都是让经济效益、社会效益和生态效益在统一中实现。所以，推广循环经济，是让作为经济主体的企业本着构建生态文明的价值观，在生产的过程中以低碳排放，通过清洁生产，向社会提供具有高生态品质的产品，并引导消费者践行具有生态导向的消费行为。

（1）循环经济的推广，是企业履行生态责任的经济行为。践行循环经济，必须要树立循环经济理念，并积极研发和有效利用低碳技术，且将清洁生产体现在每个生产环节中。由此带来的直接绩效就是，既生产了低碳的、高品质的生态产品，又向消费者传达了生态主义导向的消费理念。实践充分表明，企业越是注重推广循环经济，那么就越能具有企业公民的责任感，生态责任就是一个重要的维度，从而就越能将生态责任履行到位。

（2）循环经济的推广，是企业履行生态责任的实践检验。对于企业而言，履行生态责任颇具内在和外在双重约束性，但是由于现行政策执行的不到位，使得外部约束略显不足，这就让内在的自觉约束极为重要。推广循环经济，不仅仅是一种可持续发展理念的确立，更是一种低碳排放的践行，诠释了企业以实际经济行为将碳排放所体现出的环境成本内化于生产过程。这必然会让企业注重生产行为的外部性，以及应当承担的化解成本。推广循环经济是否到位，就能体现出企业履行生态责任是否坚决。

（3）循环经济的推广，是企业履行生态责任的利益激励。尽管与以往的生产方式相比，在转变生产方式的过渡阶段，企业会在短期内付出较高的生产成本。但是，从长远来看，企业通过推广循环经济，能够赢得更多利益相关者的认同，并以此塑造核心竞争力和较高的市场占有率，从而获得可持续的利润水平。在这个意义上，循环经济的推广，能够为企业形成可持续的利益源泉，并让企业在一个颇为和谐的利益相关者交往的生态圈里以合意的交易成本进行运转。很显然，这是企业树立良好公民形象的有效支撑。由此可以认为，推广循环经济，企业能够塑造可持续发展能力，能够获得最广泛的认可，能够赢得稳固的持续增长的市场份额。

总而言之，推广循环经济和企业履行生态责任，两者在起点、过程和终点都具有匹配性，两者存在着相互促进的关系。也就是说，企业越注重推广循环经济，那么履行生态责任的行为就越彻底；企业越是注重履行生态责任，那么就越有积极主动性推广循环经济。从这个角度而言，两者都是基于生态文明导向而理性选择的生态行为。

第 **5** 章

企业生态责任生成的宏观约束

"支持自由市场的环境主义认为人是利己的。这个利己主义可能是开明的。但……好的动机将不足以产生好的后果。发展一种环境伦理可能是值得的，但是不可能改变基本的人性。良好的资源管理责任不是依赖于好的意图，而是依赖于社会制度怎样通过个体激励来驾驭利己主义"[①]。由此可见，企业生态责任需要企业自身道德素质的不断提高，但仅仅如此还是不够的，还需要更加科学合理的制度设计及外在约束。政府作为制度的提供者，通过宏观政策调整及相应激励制度设计，使得企业在实现个体利益的同时，承受一定的环境压力，切实履行企业生态责任。所以，政府的宏观管理及约束就显得非常重要。具体而言，政府可以通过持有的立法、决策等权力，在宏观层面进行相应的行政、法律及经济政策的调整，通过制定相应制度来约束或者激励企业行为，从外部政策制度的制定及执行上，控制和规范企业行为，实现企业外部行为内部化，从而使企业能够真正达到"绿色企业"的标准，实现企业真正自主履行生态责任的最终目标。

5.1　企业生态责任与制度建设

康芒斯在他的《制度经济学》中指出："如果我们找出一种普遍的原则，适

---

① [美]彼得·S. 温茨（Peter S.Wenz）：《现代环境伦理（2000）》（宋玉波译），上海：上海人民出版社，2007年版，第 7 页。

用于一切所谓属于'制度'的行为，我们可以把制度解释为集体行为控制个体行动。"①他认为，制度最一般的本质，即"行为规则"，其作用在于对行为进行规范。一部好的法律制度，对于规范人们的行为准则，规划社会市场个体行为的作用是相当关键的。在现实生活中，"制度作为一个重要变量能改变人们为其偏好所付出的代价，改变财富与非财富价值之间的权衡，进而使理想、意识形态等非财富价值在个人选择中占重要地位"。制度是约束人们行为的一种规范，是一种"游戏规则"②。这种行为规范，可以成为一种引导人们行动的手段，而且"制度协调人们的各种行为，建立起信任，并能减少人们在知识搜寻上的消耗"③。一个好的制度会使行为主体各方受益。因为"制度决定经济绩效，这正是新制度经济学为经济学家所给出的重要结论"④，经济绩效在很大程度上取决于控制人们经济行为的社会和政治规则。所以，我们这里要讨论的"制度"包括各种与直接影响企业行为的相应制度建设，当然宏观经济政策也不可少，目的就是通过这种外在的制度约束和规范企业行为，实现社会福利最大化。

对于企业自身而言，它首先是一个有行为能力的独立法人，应该有相对比较完善的内部制度，同时，它又是活动在市场中的一个微观主体，必须适应外在的市场规则，也就是要在很多外在制度的约束下行事，因为"制度在很大程度上决定着人们如何实现其个人目标和是否能实现其基本的价值。对个人来讲，有些制度要优于另一些制度。制度还影响着人们所持有的价值观和人们所追求的目标"。按照柯武刚的划分标准，依据规则的起源，可把制度划分为内在制度和外在制度⑤，"外在制度是由一个主体设计并强加于共同体的。这种主体高踞于共同体本身之上，具有政治意志和实

---

① 康芒斯：《制度经济学（上册）》，北京：商务印书馆，1962 年版，第 87 页。

② 卢现祥：《新制度经济学》，武汉：武汉大学出版社，2004 年版，第 20 页。

③ [美]柯武刚（Wolfgang Kasper）、史漫飞（Manfred E.Streit）：《制度经济学——社会秩序与公共政策（2000）》（韩朝华译），北京：商务印书馆，2002 年版，第 113 页。

④ 科斯：《新制度经济学》，载《制度、契约与组织——从新制度经济学角度的透视》，北京：经济科学出版社，2003 年版，第 17 页。

⑤ 内在制度是从人类经验中演化出来的，如习惯、伦理规范、良好礼貌和商业习俗等；外在制度是被自上而下地强加和执行的。它们由一批代理人设计和确立。这些代理人通过一个政治过程获得权威。最具代表性的就是司法制度。外在制度配有惩罚措施，并可以强制实施。详见[美]柯武刚（Wolfgang Kasper）、史漫飞（Manfred E.Streit）：《制度经济学——社会秩序与公共政策（2000）》（韩朝华译），北京：商务印书馆，2002 年版，第 37 页。

施强制的权力。"①外在制度总是隐含着某种自上而下的等级制，内在制度则被横向地运用于平等的主体之间。"外在制度永远是正式的，它要由一个预定的权威机构以有组织的方式来执行惩罚"。

对于制度在现实中的作用问题，早期的文献已有论述。我国唐朝诗人白居易曾经说过："天育物有时，地生财有限，而人之欲无机。以有时有限，奉无极之欲，而法制不生其间，则必物暴殄（注：tiǎn，断绝、灭绝）而财乏用矣。"这句话的本意是由于人的欲望的无限性，如果不以相应的制度进行约束，那么，地球上的万物都将在不久的将来灭绝。也从另外角度反映出制度对于人类行为进行规范的重要性。现实生活中，许多规则的实施除激励和约束以外，还需要人的自律。人的自律是一种主观的自我约束，而制度是一种社会约束。同时，制度又是一种稀缺要素。今天看来，我们最缺乏的是具有激励和约束功能的制度。正如一位哲人所言，"一个好的制度往往比赚钱更重要"。

目前关于直接影响企业行为的法律制度有很多，如《公司法》《税法》《会计法》《财务会计准则》等，从核算标准角度又包括宏观经济预算体系以及相关的核算标准。企业按照这些法律规定进行成本核算、缴纳税收等。这些法律制度也是在经过多次博弈后逐步完善的结果，并且随着社会发展还在继续完善。但经过仔细分析研究后，会发现这些法律适用有一个最基本的假设条件隐含在背后，那就是法律制度规定的适用范畴仅仅限于独立的经济系统，与自然环境并没有必然联系，而适于核算的对象也只是"经济人"。这一假设对于企业行为产生直接影响，也就是说，如果企业依照现行有关法律进行生产的话，事实上是在以"经济人"而非"生态人"的标准进行生产，其结果又回到了前文提到的问题的老路，企业追求利润是以环境作为代价的。所以，要想真正实现企业履行生态责任，外在的制度性约束是必不可少的环节，也是非常关键性因素，重新修订这些法律制度就显得格外重要。对此，应从以下几方面做出努力。

---

① [美]柯武刚（Wolfgang Kasper）、史漫飞（Manfred E.Streit）：《制度经济学——社会秩序与公共政策（2000）》（韩朝华译），北京：商务印书馆，2002 年版，第 120 页。

5.1.1　实施绿色 GDP 指标评价体系

自凯恩斯的《国民财富的性质和原因的研究》于 1936 年问世后，创立了宏观经济学，在经济领域开始有了宏观的概念。库兹涅茨在 1941 年创立的国民收入核算体系[①]理论与方法后，对于宏观经济问题开始量化分析和研究。GDP 是国内生产总值的英文 Gross Domestic Products 的缩写，是指以货币形式表现的一个国家（或地区）所有常住单位在一定时期内生产活动的最终成果。GDP 是国民账户体系（The System of National Accounts，SNA）中的一个总量指标，GDP 核算则是指在一个完整的理论框架下围绕 GDP 这个总量指标而进行的一系列核算活动。GDP 可以通过 3 种方法计算得到，分别为生产法、收入法和支出法，用公式表示如下：

$$增加值=总产出-中间消耗$$

$$GDP = \sum 各行业增加值$$

我国的 GDP 核算始于 1985 年，1985—1992 年逐步向 SNA 过渡。随着我国经济体制中市场化成分的不断增强，计划成分的不断削弱，SNA 核算体系越来越适合中国国民核算工作的需要。因此，自 1993 年起，国家统计局彻底转向 SNA 体系。GDP 虽然是衡量国民经济发展情况的一个最重要的指标，但也存在很多不足，如它只是衡量生产的尺度，而无法全面反映效益、福利等其他与发展相关的指标，尤其在环境问题指标的计算上，更是有悖于环境伦理，按照这种计算方法，即使污染有时也会增加 GDP。另外，GDP 核算本身在核算技术上还存在一定的问题，主要是指在理论框架、指标体系、口径范围、计算方法、数据来源等方面还存在不完善的地方。可见这种核算方法是不可持续的。

---

① 世界上曾存在着两种国民经济核算方法，也称两大核算体系。一种叫作物质产品平衡体系（The System of Material Product Balances），简称为 MPS 体系，我国和苏联、东欧等十几个国家曾采用该体系，这个体系的总量指标有社会总产值（TPS）、国民收入（NIm）等。另一种叫作国民账户体系（The System of National Accounts），简称为 SNA 体系。有 170 多个国家采用该体系。这个体系的总量指标有国民生产总值（GNP）、国内生产总值（GDP）、国民生产净值（NNP）、国民收入（NIs）等。1953 年联合国统计处委托英国剑桥大学斯通教授领导编制的《国民经济核算体系及有关表式的联合国标准体系》，被称为"旧 SNA"。1968 年，联合国又公布了在原体系基础上经过修订的《国民经济核算体系》，被称为"新 SNA"。1993 年再次修订，被称为"1993 年 SNA"。这部 SNA 作为联合国推行实施的国民经济核算体系，吸收了国际上国民经济核算的最新研究成果和许多国家的实践经验，已为世界上大多数国家所采用。

绿色国民经济核算（简称绿色 GDP 核算）是指从传统 GDP 中扣除自然资源耗减成本和环境退化成本的核算体系，能够更为真实地衡量经济发展成果。完整的绿色国民经济核算至少应该包括五大项自然资源耗减成本（耕地资源、矿物资源、森林资源、水资源、渔业资源）和两大项环境退化成本（环境污染和生态破坏）。国家环保总局和国家统计局于 2006 年 9 月 7 日联合发布了《中国绿色国民经济核算研究报告 2004》，结果显示，2004 年因环境污染造成的经济损失为 5 118 亿元，占 GDP 3.05%。其中，水污染的环境成本为 2 862.8 亿元，占总成本的 55.9%，大气污染的环境成本为 2 198.0 亿元，占总成本的 42.9%；固体废物和污染事故造成的经济损失为 57.4 亿元，占总成本的 1.2%[①]。绿色 GDP 核算方法对于研究如何利用绿色国民经济核算结果来制定相关的污染治理以及领导干部绩效考核制度等环境经济管理政策，将起到关键性作用。2006 年 8 月，深圳市已经率先在全国开始采用绿色 GDP 核算体系考核地方政府官员[②]。

绿色 GDP 核算体系符合可持续发展的基本原则，在核算中，去除自然资源消耗成本、环境污染成本及环境退化成本，弥补了以总量 GDP 核算体系的不足，是宏观经济核算的必然趋势，但由于技术和体制障碍，绿色 GDP 核算体系的最终确立并在实际运用中推广，将是一个漫长的过程。如能从制度上强制推行并实施的话，将是整个人类之幸事，对拯救我们的地球将起到关键性作用。

5.1.2　构建以能源消耗和碳排放为基础的税收体系

"绿化税制"（Greening Tax System）是对以环境保护为目的而进行的各项税制改革的统称。它主要包括两个方面的内容：一是开征新的环境税或污染税；二是调节现有税制，取消对环境有负面效应的税收条款和补贴，增加有利环境的税收规定。目前，西方国家征收的环境税大致可分为以下几个方面：①对空气污染行为开征的税收，主要有二氧化硫税、NO_2 税和碳税；②对水资源污染行为开征的税收；③对城市环境和生活环境污染行为开征的税收。从国外的实际效果来看，环境税已经取得了巨大的成就，一组来自中国税务网的数据显示，"在美国自从对损害臭氧的化学品征收消费税以来，人们普遍减少了对氟利昂的使用；汽油税的征收，

---

① 《中国绿色国民经济核算研究报告》，2006 年 9 月。

② http://finance.sina.com.cn，2006 年 8 月 13 日《经济观察报》。

鼓励了消费节能汽车从而减少了污染排放；开采税的征收，有效抑制了在盈利边际上的开采，从而减少了 10%~15% 的石油总量消费"。

征收绿色税是以"庇古税"（Pigou Tax）为基础的。英国福利经济学家庇古（Pigou）是最早提出以经济手段解决环境问题的学者。庇古认为，通过"看不见的手"是无法解决环境和资源过度消耗问题的，只有通过政府相应的管制手段才能解决市场失灵问题，并有效消除生产过程中的环境负效应，他基于外部性理论提出通过对环境污染者征税，具体如图 5-1 所示。

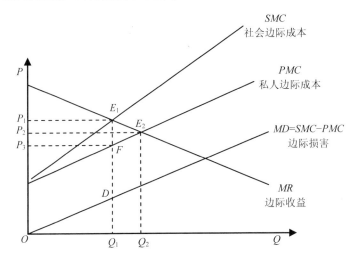

图 5-1   "庇古税"示意图

庇古税额为均衡点产量所带来的边际损害，等于社会边际成本（SMC）与私人边际成本（PMC）之差。在不考虑社会成本的情况下，企业的均衡产量为私人边际成本（PMC）与边际收益（MR）两条曲线的交点，此时的社会边际成本（均衡点的社会边际成本即产品价格）为 P_2；当政府征收"庇古税"后，企业总成本上升，均衡点产量向左移动至产量 Q_1 处，此时，庇古税的征收数额为（P_1-P_3）。

我国现行税制中，可列入环境税制的主要有 6 个税种：消费税、资源税、城市维护建设税、耕地占用税、城镇土地使用税和车船使用税。对此提出几点建设性意见：①将排污费改为排污税，由环保部门与税收部门配合征收，同时扩充排污税的征税范围如化肥、农药、消毒剂、垃圾等；②借鉴国际上的成功经验，扩大绿色税收的征收范围，在现有的基础上增加电池、塑料袋、一次性容器、一次性剃刀、一次性相机等危害性极大的"小"物品征税；③调整资源税，既要考虑资源的不可再生性，又要考虑开采后的污染问题，如开采过程对地下水的保护问题等；④通过加大税收减免优惠政策扶持绿色产业发展，促进资源可持续利用，构建以能源消耗和碳排放为基础的税收体系。

5.1.3 完善现行财务会计制度

制度是人们在社会分工与协作过程中经过多次博弈而达成的一系列契约的总和，制度的功能就是为实现合约各方创造条件，以保证合作的顺利进行。财务会计制度形成的根本目的也是为保证企业生产及企业间往来的顺利进行而制定的，并且随着社会的不断发展和进步而不断完善的过程。具体来讲，企业财务会计制度是反映企业生产过程、规范企业经营行为、监督企业执行相应法律的制度。一般包括企业财务会计报告制度（即企业应当依法编制财务会计报表和制定财务会计报告）和收益分配制度（即企业的年度分配，应当按照法律规定及股东会决议，将企业利润用于缴纳税款、提取公积金和公益金及进行红利分配等），按照我国《公司法》第164 条规定："公司应当依照法律、行政法规和国务院财政部门的规定建立本公司的财务、会计制度。"依此规定，公司均应当按照《公司法》《会计法》和经国务院批准财政部颁布的《企业财务通则》《企业会计准则》，建立本公司的财务、会计制度。同时要聘用会计师事务所承办公司的审计业务。

尽管目前各国通用的会计制度从核算角度看，相对比较完善，基本达到约束企业规范运营的目的，但是，这些会计制度基本上都是建立在"经济人"假设背景下的，也就是说，会计制度完全是从企业本身的经济利益出发而制定的，它们只关注企业的盈利与亏损，收益如何分配问题，并且一个根本性缺陷就是几乎所有会计制度账面上反映的更多的是企业资金的循环流动过程，在企业的循环周转过程中，看上去比较严密的财务会计制度其实只是反映企业生产循环中的一个循环，即资金循环，至于与资金循环同时进行的"物"的循环好像并不关心，并且在整个核算过程中，根本没有反映环境成本这一项，这是造成环境问题的根本原因。所以，要真正实现企业生态责任，改革会计制度势在必行。

新的会计制度至少应该包括几方面内容：①在企业成立之初的会计核算中应该增加评估企业生产对环境的影响，并且在会计报表的"递延资产"项目中得以反映；

②在企业生产成本核算中增加"环境成本"二级科目，并且在三级科目中具体反映发生的实际业务；③对于企业存在的潜在环境成本及费用，应该计提企业发展环境准备金（或者叫环境备用金），处理方式类似于坏账准备，并随着信息时代的不断发展不断完善。

5.2　企业生态责任的实现机制

企业生态责任的推动与施行需要企业自身环境意识的提高，这是企业生态责任推行的必要条件，但仅有这些是不够的，还需要建立一种实现机制，从外部给企业施加一定的压力，并且通过利益驱动等政策的实施，从企业本身出发，进而构建企业生态责任的实现机制，并最终实现调动企业的环境保护积极性的目的。外部的压力主要包括相关的法律法规的强制约束、环境伦理的"软约束"以及来自社会舆论监督的压力，这些压力机制的建立和完善既是顺利实现企业生态责任的保障，又是完善企业自身建设的约束条件。企业实施生态责任的动力机制一方面来自企业根据环境保护过程中一些市场环境变化寻求商业利益的动力，另一方面则是政府根据推动相应产业政策的需要对某些行业或产业实施相应优惠政策进而达到推动的最终目的。

5.2.1　企业生态责任实现的外在压力机制

5.2.1.1　法律法规的强制约束

法律作为一项推动和强制企业承担生态责任的正式约束，它一方面需要为企业生态责任明确相应的范围；另一方面也为企业提供公平竞争的环境，杜绝企业通过拒绝承担生态责任（如直接排放废弃物、能源使用效率低下、拒绝回收本企业产品"残骸"等）增加社会成本而获得个体利益。从法律制定和实施的主体划分，一般包括国家法律法规和国际法律法规，一些发达国家在环境法律方面已经走在了世界的前列。我国在制定和实施的有关强制企业实施生态责任的环境法律还有很多不足，需要通过制定一些详细的可操作性强的法律来保证企业生态责任的实施，以达到保护环境的最终目的。

20世纪60年代，以蕾切尔·卡逊为代表的学者关于环境方面的著作公开问世，其影响日益扩大，一些社会公众对环境污染问题的忧虑不断升级，在一些环保人士和环保组织的大力推动下，美国国会相继通过有关法案强制承担环境责任，也使美国进入了 70 年代所谓的"环境十年"。在这十几年时间里，美国国会通过了 16 项针对企业的环境保护方面的重要法案，其中包括著名的《国家环境政策法》（1969）、《清洁空气法》（1970，1977）、《联邦水污染控制法修订案》（1972）、《联邦杀虫剂控制法》（1972）、《有毒物质控制法》（1976）等。这些法律严格规定了工业"三废"的排放标准，从而有效地控制了企业生产经营活动对生态环境日益严重的负面影响。例如，《联邦水污染控制法修订案》（1972）就明确制定了直到 1985 年的美国各种水体中排放的污染物标准，要求企业严格遵守工业排放技术标准，并授权建设大规模污染物处理项目等；《清洁空气法》（1970，1977）则详细制定了空气质量标准、汽车尾气的排放标准等；《有毒物质控制法》（1976）则授权 EPA（美国环保局）建立化学物品检测制度及许可证制度，限制有毒化学品的过度排放，并要求各化学品制造商建立相应记录和档案保存制度等。

从美国的环境政策发展过程看，严格的政策执行是环境问题得以受到重视的保证。自 1989 年后，美国的环境政策基本上是沿着这样趋势演进的。①对基于市场的环境政策工具兴趣日增，如 1990 年《清洁空气法》（Clean Air Act，CAA）修正案中二氧化硫可交易排放制度的建立。②对信息披露制度的关注激增，如《有毒物质排放目录》（Toxics Release Inventory，TRI）的扩展。③在一些环境法规及行政命令的制定当中，效益—成本分析法得到了一定应用。④在"环境正义论"的倡导下，由环境公平管制所引起的收益和成本分配问题受到重视。⑤对全球气候变化的关注成为许多政策争议中的一个焦点问题。⑥近 10 年来，掀起了一股废弃物循环利用的潮流，因此，联邦废弃物管理政策成为新的焦点之一。[①]在繁多的法律面前，企业迫于压力，为寻求适合自己的生存空间，遵守法律是必需的选择，履行生态责任也就变成了顺理成章的事情。

5.2.1.2 环境伦理的"软约束"

"环境伦理学就是研究人和自然环境发生关系时的伦理"[②]，是针对人的活动对自

---

① [美]保罗・R. 伯特尼、罗伯特・N. 史蒂文斯：《环境保护的公共政策》（穆贤清、方志伟译），上海：上海三联书店、上海人民出版社，2004 年版，第 1～2 页。

② [日]岩佐茂：《环境的思想——环境保护与马克思主义的结合处（1994）》（韩立新、张桂权、刘荣华等译）北京：中央编译出版社，2006 年版，第 74 页。

然环境的破坏，从伦理学方面给保护自然环境的必要性依据的理论，是一种已经超出了伦理学框架的新伦理学。"环境伦理学之所以存在，正是由于许多人对技术进步相关的实践表示出了怀疑"①，是就 20 世纪人类造成的环境问题而言，对于人们应如何在相互之间以及与非人类的自然之间进行互动的一种理由充分的再三沉思。②温茨（Peter S. Wenz, 2000）对通过对环境伦理学的各种理论倾向论述之后，展示了另一种视角——非人类中心主义，并且针对目前存在的一些实际问题提出自己的"环境协同论"作为替代解决方案。这种理论的主导思想是，在尊重人类与尊重自然之间存在着某种协同作用，从总体和长远的角度看，对人类和自然的双重尊重对于双方来说都会带来好的结果。

目前，环境伦理学有很多发展倾向。根据日本学者加藤尚武的介绍，环境伦理学主要有三点主张：①生命中心主义；②承认未来人类的人权；③地球整体主义。这也是美国环境伦理学的 3 个中心点，当然，环境伦理学还包括很多，仅以生命中心主义而言，就包括人类中心主义、感觉中心主义、自然中心主义和生命中心主义 4 种倾向。但总体来看，非人类中心主义已经成为主流。英国大气物理科学家詹姆斯·拉伍洛克（James Lovelock）则从另外角度——盖娅假说提出关于人类与环境之间的关系问题。①拉伍洛克从演变着的生物圈和地球的早期行星环境之间的关系入手，寻找盖娅可能存在的证据；②从控制论角度认为存在一种控制系统——盖娅，能够运用反馈机制，使地球表面温度维持在一定范围内，以便适合像盖娅这样一个复杂实体的存在；③从生物圈对大气圈的作用角度，通过详细的科学分析和设想，认为从整体的观点来看待地球大气圈，就会发现地球大气的特定方面——温度、组成、氧化还原状态和酸度等稳定构成不是大气圈单方面形成的，是盖娅无时无刻不在积极维持和控制我们周围的大气构成；④从海洋含盐比例的稳定角度，寻找盖娅的存在，认为海洋是盖娅调节系统的重要组成部分；⑤拉伍洛克认为，人类相对于盖娅来说是最关键的演化部分，但在盖娅的有机体中却出现很晚，所以不应过分强调人类与盖娅的特有关系。他从人类生态学的角度探讨人与环境之间的关系，认为人类物种及其所发明的技术只是这个整体自然场景中的一个组成部分，应该从整体

---

① [美]彼得·S. 温茨（Peter S. Wenz）：《环境正义论（1988）》（朱丹、宋玉波译），上海：上海人民出版社，2007 年版，第 2 页。

② [美]彼得·S. 温茨（Peter S. Wenz）：《环境正义论（1988）》（朱丹、宋玉波译），上海：上海人民出版社，2007 年版，第 457 页。

角度看待地球，而不是以人类为中心的方式看待世界。①

环境伦理学思想的迅速传播对人与自然关系认识的传统观念给予了猛烈冲击。它要求人类从另外角度重新审视我们生活的地球，就像当年哥白尼那样。企业的行为只是人类意志的直接体现，当人类的意识发生变化时，企业行为必将发生转变。目前，环境伦理思想已经开始影响人类的生产活动，并在一定范围内已经对企业行为产生约束力量，尽管这种力量不像法律约束那样强制、那样直接，但这种间接的约束影响一旦被大多数人接受，改变的将是整个世界。

5.2.1.3 社会舆论的监督

一个开放的社会是允许有充分言论自由的（当然这种自由也必须在法律允许的范围内，在不损害他人的前提下进行），社会舆论的力量已经越来越多地影响着人们的生活，尤其在网络社会如此发达的今天更是如此。从企业角度讲，它需要媒体等作为媒介与外界产生联系，并且现在企业也都通过建立自己的网站作为平台与外界及时沟通的工具。但企业更愿意将自己的"光辉"一面通过媒体等展示给世人，对于自己不光彩的一面，企业是不希望"曝光"的，所以说，媒体等既是企业对外沟通的桥梁，又是接受社会舆论的平台。对企业而言，媒体是对外宣传展示自己的窗口，也是一种无形的社会压力。在社会经济制度转轨期间，一些制度建设还不完善的时候，这种舆论监督就显得非常必要。这在现实中已经得到验证，比如一些久拖未决的案件一旦上了"焦点访谈"，解决速度是"惊人"的，我们当然不希望一些社会问题必须通过这种方式得到解决，从另外角度也反映出我们的很多社会制度的缺失，需要进一步完善的空间还很大。

---

① 盖娅理论刚刚提出时，被看作是天方夜谭式的神话传说，在其发展过程中也被传统科学界所排斥，被看作是不可检验的形而上学或世界观，被视为不成熟的非科学，甚至是伪科学。拉伍洛克是在应邀参加美国国家航空航天局（NASA）的"火星计划"时，提出基于所有生命调节大气构成的猜想和思考，并于1968 年在新泽西州普林斯顿举行的关于地球生命起源的科学大会上首次提出盖娅假说。并在此基础上，详细概括了"盖娅"的 3 个特征：一是盖娅最重要的特征就是倾向于使地球上所有生命的生存条件保持恒定；二是盖娅的主要器官是在其中心，可牺牲的或者多余的器官在边缘地带；三是盖娅为应付恶劣境况所做出的反应必须遵循控制论规则，其中时间常量和环路增益都是重要的因素。盖娅假说虽然现在很多东西都还是一种假设，还需要进一步（也许很长时间或根本无法证明）的证明和检验，但这种理论至少给我们提供了一种新的自然观和认识地球事物的新方式，让我们从生物进化和环境进化同时进行的角度去思考问题，从整体角度自上而下地看待地球，对我们更好地认识地球和我们周围的世界以及处理人与自然关系等各方面问题，能正确看待人在自然界之中的具体位置和作用。详见[英]詹姆斯·拉伍洛克（James Lovelock）：《盖娅：地球生命的新视野（2000）》（肖显静、范祥东译），上海：上海人民出版社，2007 年版，第 137 页。

在环境问题的处理上，我们也曾采取过多项措施，如太湖治理的"零点行动"，并通过媒体进行监督，尽管当时效果很明显，但后续的媒体揭示的情况与之前的报道相差甚远，一些企业为了逃避监督，拒绝采取治理措施并在半夜偷偷排污。这一方面说明我们采取的强硬措施还不彻底，并且后续的监督执行并不到位，折射的是一些地方政府"不作为"或者作为不到位的问题；另一方面则是我们企业缺少一种环境伦理意识，其实质是企业的道德意识。在今天看来，企业的道德意识往往成为企业能否得到社会好的评价的主要依据。曾任美国 IBM 公司总裁的汤姆·小沃尔森在 1962 年的一次著名演说中，强调一个企业确立整体道德信念的重要性："首先，我坚信，任何一个企业为了生存和获得成功，必须拥有一套牢固的信念，作为制定政策和采取行动的前提；其次，我坚信决定公司成功的一个最重要因素，是忠诚地遵守那些信念；最后，我相信一个企业如果想对付变化中的世界的挑战，它就必须准备它的一切，但它的信念在整个公司的系列化中都是固定不变的。"他认为，IBM公司的基本道德信念就是"尊重个人，即尊重企业中每一个人的尊严和权利；为顾客服务，即对顾客给予世界上最好的服务；卓越的工作，即企业必须能够在各项工作中卓越地完成其目标"[①]。所以，当一个企业意识到这一问题的重要性的时候，可能社会舆论的监督就已经变成为企业宣传的"免费广告"了。

5.2.2　企业生态责任实现的内在动力机制

5.2.2.1　商业利益驱动

企业在法律法规和社会舆论以及伦理道德的强制约束下承担生态责任是一种被动的接受，一旦外界压力减弱或发生变化，相应的生态责任可能就会中止。所以，如果能把企业承担生态责任与企业的商业利益结合起来，也就是说，企业在承担生态责任的同时获取商业利益，由压力变动力，变被动接受为主动承担，使企业承担生态责任的行为持久进行下去，问题才能从根本上得到解决。

一些研究企业行为的学者注意到一个很关键的问题，那就是企业开始关注一些非股东的利益相关者的利益，或者主动承担一些社会责任以及生态责任的最终目的仍然是基于自身的商业利益，也就是说，企业承担社会责任或生态责任被当成实现企业商

---

① 转引自陈炳富：《企业伦理》，天津：天津人民出版社，1996 年版，第 48～49 页。

业利益的工具。其背后隐含着的推论就是企业不会无缘无故地承担某种责任，都是有选择性的，往往会把是否影响到企业的商业利益的程度作为承担某种责任的判断依据。污染防治的实质是减少资源的浪费或提高资源的使用效率，减少废弃物意味着更高的资源使用效率，也有助于减少用于处理这些废弃物的雇员和机器设备。污染的防治要求企业建立新的工艺流程，采取积极主动姿态处理环境保护问题的企业常常需要设计生产制造过程和物料运输过程，以减少废弃物和提高运行效率。新的工艺流程一旦建立起来，企业因此获得竞争优势。污染防治强调全体员工积极参与，从而有助于企业整体管理水平的提高，同时良好的环境保护业绩还能够通过节约废弃物处理费以及行政处罚和监管费用为企业赢得收益，获得企业社会责任认证（如 ISO 14001 环境管理系统认证等），常常是企业进入发达国家市场的重要条件，通常也为企业获得高额溢价收益创造条件。[①]

5.2.2.2 政府的限制也是企业的商机

为了解决环境问题，一些国际性组织通过制定一些国际性的协议或公约之类的文件，要求会员国签署，各国政府迫于种种压力往往会采取相应的政策法律等措施来限制企业在规定时间内完成某些动作，以期达到某些指标。在这一过程中，政策措施所限制的往往是一些效率低下、能源消耗多、污染严重的产业或企业，如果企业经营者短视，往往会待政策松动时，伺机"重操旧业"，这种情况在政策机制不健全的情况下，机会也许存在，但对企业来说，风险也相当大，尤其机会成本更大，往往在等待中错过了产品转型或升级以及开发新市场的机会。精明的管理者会利用政府政策限制的机会重新研究市场发展前景，为企业重新定位。因为有限制性政策必有鼓励性政策，尤其在今天看来，政府对于环保产业及环保型产品一直持鼓励态度，并且根据市场需要适时提出重点支持行业，这对企业来说往往是机会难得，抓住了机会就赢得了市场；否则，就有可能被淘汰。

5.3　企业生态责任与政府宏观政策实践

企业作为构成经济社会的细胞，其行为必然受企业的生存环境约束。政府作为政策制定者，从外在角度对企业行为实施监督。在现代市场经济中，政府职能的创

---

① 唐更华：《企业社会责任发生机理研究》，长沙：湖南人民出版社，2008 年版，第 151 页。

新是政府调控能力提升的具体体现。在不同的历史发展阶段和社会基本制度条件下，以及资源禀赋、历史文化传统以及意识形态等方面不同的国家，政府的职能被赋予了不同的内容。尽管如此，现代经济的发展及工业化、后工业化社会的到来，已经使得政府在经济发展中的作用从无到有、从弱到强，越来越受到重视。美国经济学家萨缪尔森曾指出："在一个现代的混合经济中，政府执行的经济职能主要有四种：确立法律体制；决定宏观经济稳定政策；影响资源配置以提高经济效率；建立影响分配收入的方案。"①可见政府职能创新的最终目标就是让市场在资源配置中起基础性、主导性的作用，政府按照经济规律，制定落实规则，随时弥补市场不足。当前的世界经济危机再次证明，政府对经济进行宏观调控的重要性。

政府行使职能的基本定式是对市场、非政府组织和社区解决不了或暂时解决不了的问题承担相应责任，解决生态问题也该如此。由于市场机制的自发调节作用，产生不了遏制企业或个人滥用资源、污染环境的行为和诱导企业或个人采取改善环境的行动的效应，广大社会成员之间出于各自利益的考虑，难以形成制止负外部性行为和共创正外部效益的集体行动，所以，政府出面干预就显得非常必要。一方面，政府要承担起环境保护和治理的责任，同时又要诱导社会成员开展各种旨在环境保护和治理的集体行动，引导非政府组织和社区参与其中，包括诱导具有压力集团性质的民间环保组织进行角色转变，进而达到全民的生态责任意识不断提升，出现由忧患到参与、由索取到奉献的角色转换。就我国政府宏观政策运行实践来看，主体功能区规划就是政府宏观经济政策和环境政策的直接体现，是政府职能创新的最新表现形式，它直接作用于地方政府，对地方政府行为进行规范和约束，进而间接约束企业行为，最终达到对国土空间开发的战略性、基础性和约束性规划，以切实增强整体性的社会经济可持续发展能力，推动科学发展，实现全国范围内经济发展与生态平衡的发展模式。

5.3.1　主体功能区规划的背景及理念

《全国主体功能区规划》根据中国共产党第十七次全国代表大会报告、《中华人民共和国国民经济和社会发展第十一个五年规划纲要》和《国务院关于编制全国主

---

① [美]萨缪尔森、诺德豪斯：《经济学》（第十六版），北京：华夏出版社，1999 年版，第 230 页。

体功能区规划的意见》编制，是推进形成主体功能区的基本依据，是科学开发国土空间的行动纲领和远景蓝图，是国土空间开发的战略性、基础性和约束性规划。主体功能区，就是要根据不同区域的资源环境承载能力、现有开发强度和发展潜力，统筹谋划人口分布、经济布局、国土利用和城镇化格局，确定不同区域的主体功能，并据此明确开发方向，完善开发政策，控制开发强度，规范开发秩序，逐步形成人口、经济、资源环境相协调的国土空间开发格局。划分主体功能区主要应考虑自然生态状况、水土资源承载能力、区位特征、环境容量、现有开发密度、经济结构特征、人口集聚状况、参与国际分工的程度等多种因素。落实科学发展观的理念和要求必须落到具体的空间单元，明确每个地区的主体功能定位以及发展方向、开发方式和开发强度。

5.3.1.1 主体功能区规划的背景

主体功能区规划最直接目的就是充分保护我们赖以生存和发展的国土空间[①]。由于我国地理位置独特，地形地貌复杂，气候类型多样，在发展模式选择方面不能简单地"一刀切"，必须通过政府的强有力的行政功能，构筑一个整体的规划体系，来约束地方政府行为，弥补市场缺憾和不足，共同呵护属于我们自己的自然生态环境。

从我国总体看，通过国家发展和改革委员会对全国陆地国土空间土地资源、水资源、环境容量、生态系统脆弱性、生态重要性、自然灾害危害性、人口集聚度、经济发展水平、交通优势度等指标的综合评价，认为：①我国适宜开发的土地面积较少。国土空间中 60%由山地和高原组成，今后可用于建设用地的土地资源只有 28.5 万 km^2，约占全国陆地国土总面积的 3%，人均 0.34 亩。适宜开发的国土面积较少，决定了我国必须走空间节约集约的发展道路。[②]②水资源短缺。我国水资源总量为 2.8 万亿 m^3，居世界第六位，人均水资源为世界平均水平的 1/4。目前 2/3 的城市缺水，1/6 的城市严重缺水。50%以上的县级行政区人均水资源不到 500 m^3，其中 20%的县级行政区水资源利用率超过 100%。由于水资源的严重短缺，既制约着经济发展，制约着经济均衡分布和人口分布，也带来诸多生态问题。③自然环境问题突出，自然灾害威胁大，生态比较脆弱。我国大气与地表水资源总体状况较差，

① 国土空间是指国家主权与主权权利管辖下的地域空间，是国民生存的场所和环境。包括陆地、水域、内水、领海、领空等。我国陆地空间中，山地占 33%，高原占 26%，盆地占 19%，平原占 12%，丘陵占 10%。
② 国家发展和改革委员会：《全国主体功能区规划》，2010 年 12 月 21 日。

50%以上县级行政区二氧化硫和化学需氧量超过了环境容量，20%的县级行政区污染物排放超过环境容量的 3 倍以上，由此引发的酸雨、饮用水安全以及水生态退化等问题相当严重，制约着一些地区的产业选择和空间结构调整。尽管生态类型多样，但生态脆弱面积广大、脆弱因素较复杂，据统计，中度以上生态脆弱区域占国土空间的 55%，到 2005 年，全国水土流失面积 356 万 km^2，退化、沙化、碱化草地达 135 万 km^2，2007 年全国耕地已经由 1996 年的 19.51 亿亩减少到 18.26 亿亩，逼近保障我国农产品安全供给的"红线"，有地下水降落漏斗 212 个，其中浅层 136 个，深层 65 个，岩溶 11 个[①]，这些都已经演变成了大规模工业化城镇化开发的制约因素。

由于我国是人口大国，又属于发展中国家，面临经济发展和人口增长的巨大压力。根据现有人口增长速度，预计到 2020 年，我国人口将达到 14.5 亿，比 2005 年净增加 1.4 亿，未来几十年，城镇将新增 2.2 亿～2.8 亿人口，按现有城镇人均占用空间测算，需新增 1.4 万～1.8 万 km^2 的城市建设空间。所以，为解决经济发展与自然环境的矛盾问题，在有限的国土空间内，实施全国范围的主体功能区规划是相当必要的，也是政府履行生态责任的具体体现，对弥补市场缺陷起到关键性作用。

5.3.1.2 主体功能区规划的理念

按照国家发展和改革委员会编制的《全国主体功能区规划》的概括，主体功能区规划的开发理念主要包括：①根据自然条件适宜开发的理念。主要是指对一些海拔很高、地形复杂、气候恶劣的地区以及其他生态重要和生态脆弱的区域，对维护我国生态系统安全具有不可或缺的作用，不适宜大规模、高强度的工业化城镇化开发，甚至不适宜高强度的农牧业开发。要根据不同国土空间的自然属性确定不同的开发内容。②区分主体功能开发的理念。一定的国土空间具有多种功能，但必须有一种主体功能，如提供工业品和服务为主体功能、以提供农产品和生态产品为主体功能等，区分主体功能不排斥其他功能，但必须有主次，否则会带来不良后果，根据主体功能定位开发。③根据资源环境承载能力开发的理念。不同国土空间的主体功能不同，集聚人口和经济的能力不同，同时，一定空间单元城市化地区，资源环境的承载能力也是有限的，人口和经济的过度集聚也会给资源环境、交通等带来难以承受的压力。必须根据资源环境中的"短板"确定可承载的人口和经济规模以及

---

① 国家发展和改革委员会：《全国主体功能区规划》，2010 年 12 月 21 日。

适宜的产业结构。④控制开发强度[①]的理念。就是开发必须有节制,既要控制全国国土空间的开发,也要严格控制城市化地区的开发强度。⑤调整空间结构[②]的理念。空间结构影响着发展方式,决定着资源配置效率,目前已经形成的各种开发区已基本可以满足工业化、城镇化的需要,只是空间结构不合理,空间利用效率不高。因此,必须把国土空间开发的着力点放在调整空间结构、提高空间结构的利用效率上。⑥提供生态产品[③]的理念。人类的需求既包括对农产品、工业品和服务产品的需求,也包括对清新空气、清洁水源、舒适环境、宜人气候等生态产品的需求。从需求角度,这些自然要素也具有产品性质,提供生态产品也应该看作是价值创造的过程,也是发展。因此,必须把增强提供生态产品的能力作为国土空间开发的重要任务。

根据主体功能区开发理念,我国国土空间划分如下:按开发方式,分为优化开发区域、重点开发区域、限制开发区域和禁止开发区域四类;按开发内容,分为城市化地区、农业地区和生态地区三类;按层级,分为国家级和省级两个层面。优化开发、重点开发、限制开发和禁止开发是基于不同区域的资源环境承载力、现有开发强度和未来发展能力,以是否适宜和如何大规模、高强度的工业化、城镇化为标准划分的。

5.3.1.3 主体功能区的开发原则

以人为本,把提高人民的生活质量、增强可持续发展能力作为主体功能区开发的基本原则。强调要根据主体功能定位进行开发,推动科学发展,城市化地区推动科学发展必须把增强综合经济实力作为首要任务;农业地区推动科学发展必须把增强农业综合生产能力作为首要任务;生态地区推动科学发展必须把提供生态产品的能力作为首要任务。

具体来说,包括以下几方面原则:①优化结构原则。就是将国土空间开发从外

---

① 开发强度指一个区域建设空间占该区域总面积的比例。由于各国空间分类不同,开发强度的国际比较不十分严谨,按照大体相近的口径计算,德国开发强度为12.8%,荷兰为13%,日本三大都市圈为16.4%,法国巴黎大区为21%,德国斯图加特地区为21.7%,我国香港为21%。

② 空间结构是指不同类型空间的构成及其不同空间的分布,如城市空间、农业空间、生态空间的比例,城市中城市建设空间与工矿建设的比例等。

③ 生态产品是指维系生态安全、保障生态调节功能、提供良好人居环境的自然要素,包括清新的空气、清洁的水源、舒适的环境和宜人的气候等。生态产品同农产品、工业品和服务产品一样,都是人类生存发展所必需的产品。生态地区提供生态产品的主体功能主要体现在:吸收二氧化碳、制造氧气、涵养水源、保持水土、净化水质、防风固沙、调节气候、清洁空气、减少噪声、吸附粉尘、保护生物多样性、减轻洪涝灾害等。"生态补偿"的实质是政府代表人民购买生态地区提供的生态产品。

延扩张为主转向优化结构和调整各类空间在不同区域的分布为主。②保护自然原则。按照建设环境友好型社会的要求，以保护自然生态为前提、以水土资源承载力和环境容量为基础进行开发，走人与自然和谐共处的发展道路。③集约开发原则。按照建设节约型社会的要求，把提高空间的利用效率作为国土空间开发的重要任务，引导人口相对集中分布，经济相对集中布局，推进"树成林、田成片、路成网"，走空间集约发展道路。④协调开发原则。按照人口、经济、资源环境相协调和统筹城乡发展、统筹区域发展的要求进行开发，促进人口、经济、资源环境的空间均衡。⑤陆海统筹原则。根据陆地和海洋系统的统一性和相对独立性，使陆地国土空间开发和海洋国土空间开发相协调，沿海地区的人口、经济规模与海洋环境承载能力相适应。

5.3.2 主体功能区规划的生态思想

5.3.2.1 主体功能区规划蕴含着丰富的生态经济思想

我国政府计划实施的主体功能区规划是在全面落实科学发展观和构建和谐社会主义社会的战略思想的大背景下展开的。主体功能区规划是基于经济社会发展总体战略基础上，前瞻性、全局性地谋划未来全国人口和经济的基本格局，引导形成主体功能定位清晰，人口、经济、资源环境相互协调，并不断缩小区域间差距的思考，本着政府对社会负责、以民生问题作为制定政策出发点和归宿点、以构建资源节约型社会和环境友好型社会为目的的宏观政策实践，蕴含着丰富的生态经济思想。

（1）主体功能区规划的出发点是解决经济发展中的环境难题。改革开放后的中国经济取得的成就已成为世人瞩目的事实。但在经济迅速发展与社会不断进步的背后却是以生态赤字作为代价，而且生态环境因素已经演变成影响经济进一步发展的制约性因素。主体功能区规划的出发点就是解决发展中生态环境问题，如耕地的过快减少将直接影响粮食安全问题、不顾资源环境承载力而肆意开发带来的生态功能退化进而引发生态灾难问题、粗放式过度开发直接造成的环境污染加剧问题，等等。解决发展中的这些与环境直接相关的问题，政府从整体上做出规划，是一个负责任的政府的生态经济思想的最直接的体现。

（2）主体功能区规划的最终目标是实现人与自然环境的和谐。按照党的十七大文件精神，"必须坚持全面协调可持续发展"，坚持走"生产发展、生活富裕、生态良好的文明发展道路"[①]。主体功能区规划围绕解决生态环境问题，践行十七大精神，从社会发展总体方面进行系统的规划，构建"节约能源资源和保护生态环境的产业结构、增长方式、消费模式"，"基本形成循环经济形成较大规模，可再生能源比重显著上升"的生态文明的社会发展模式，进而解决人的全面发展问题。同时，"坚持建设资源节约型、环境友好型社会，实现速度和结构质量效益相统一、经济发展与人口资源环境相协调，使人民在良好生态环境中生产生活，实现经济社会永续发展"[②]，最终实现人与自然的和谐共处。

5.3.2.2　主体功能区规划有利于促进企业生态责任的发展

主体功能区规划是政府对国土空间开发的战略设计和总体布局，体现了国家发展战略意图，政府根据主体功能区的定位合理配置公共资源的同时，充分发挥市场配置资源的基础性作用，并综合运用各种手段，引导市场主体的行为能符合主体功能区的定位。其基本传导机制是：

中央政府——→地方政府——→市场主体

地方政府根据中央政府的统一规划，按照主体功能区规划的原则和思想，本着对人类社会发展的原则，对市场主体的行为进行规范，要求以企业为代表的市场主体在规划范畴内，认真履行生态责任。这种外在的制约对促进企业生态责任的发展将起到重要作用。长远来看，对我国企业实施"走出去"战略营造可持续发展的绿色空间。

---

① 胡锦涛：《高举中国特色社会主义伟大旗帜　为夺取全面建设小康社会新胜利而奋斗——在中国共产党第十七次全国代表大会上的报告》，2007 年 10 月 15 日。

② 胡锦涛：《高举中国特色社会主义伟大旗帜　为夺取全面建设小康社会新胜利而奋斗——在中国共产党第十七次全国代表大会上的报告》，2007 年 10 月 15 日。

第**6**章
我国企业生态化发展战略

从科学认识企业生态责任到积极履行企业生态责任对于企业来说是一个循序渐进的过程，尤其对于经历了特殊历史时期的我国企业更是如此。在计划经济时期，由于物质财富相对匮乏，我国企业完全围绕生产物质产品开展活动，更多地承担了诸如养老、医疗，甚至社区管理等社会责任，这时的企业职能主要以创造更多社会财富为主，关注的发展问题，对于由此可能造成的环境问题并未引起足够的重视，更别提把企业生态化作为企业发展战略，履行生态责任了。由于企业生态责任是社会生产力发展到一定水平后的产物，当物质财富极其丰富后，尤其是公民权利意识觉醒后，企业与消费者或者其他利益相关者的关系才会被重构，此时，无论是为了赢得自身发展空间还是为了充分保障消费者权益，企业都会认识到责任对企业自身发展所发挥的积极作用，以及通过履行责任能够赢得消费者的认可，从而实现自身可持续发展。

可以说，改革开放后的 30 多年，我国取得了举世瞩目的成就，经济以每年两位数的增长速度，迅速成为世界第二大经济体，这期间，我国企业做出了不可磨灭的贡献，生产的产品使得我国由原来极其短缺的卖方市场迅速变成了物质极其丰富的买方市场，物质财富生产的迅速增加，能源和资源的消耗也迅速增加，更是带来了污染物排放的增加，环境问题由开始的局部现象逐渐演变成了蔓延的趋势，沙尘暴、雾霾等影响的范围越来越大，影响程度越来越严重，事实上，这是我国企业需要回答能否真正践行企业生态责任的重大课题。企业践行生态责任的直接表现就是企业要走生态化的发展道路，企业生态化的过程就是由传统的"经济人"向"生态人"发展迈出的重要一步，这一步能否迈出去？如何往前迈？是由"企业基因"决定的，也就是说，我国企业既有"经济人"的基因，也有"生态人"的基因，如果我们能摒弃那些不利于环境的经济人基因，进而以有利于环境的生态基因来取代，那么，我国企业经过自我优化"遗传"优质基因，通过宏观政策和法规强制约束，"变异"不利环境基因为有利环境基因，我国企业生态化建设必将指日可待。

6.1　我国企业改革发展与企业生态责任

我国企业由于特殊的历史环境原因，注定要有不平凡的经历。新中国成立之后到改革开放之前的企业以国有和集体为主，这种状态一直维持到 20 世纪 80 年代中期，在计划经济大背景下，企业本身就是政府的附属物，其职能也大多是政府职能的延伸，以完成生产任务为主要责任，并延伸至就业、医疗、养老，甚至连社区的很多功能以及政府指令性政策的执行等功能都由国有企业来完成，企业更像准公共性质的"第二政府"，承担了很多本不属于自己分内的事务性工作，经济责任与其他社会责任并重，这些职能最后成为"企业负担"，这也是改革的主要内容一直围绕国有企业展开的主要原因。

事实上，我们的企业从成立之日起就注定要承担更多的社会责任，而且我们的企业也确实是这样做的，它不仅要承担为社会提供物资产品的基本经济责任，而且要承担本不属于自己分内的更多的社会责任，可以说，企业（包括国有企业和集体企业）为我国的经济社会进步做出了不可磨灭的贡献。但由于当时人们更多地关注"一大二公"，连"效率"都根本不敢提，更别说环境保护了，这样的社会氛围加上我们的企业技术发展相对落后（尤其改革开放前的闭关锁国），在生产过程中资源浪费比较严重、能源利用率不高、产出低下等现象的出现也就不足为奇了。当然伴随着的就是污染物不经处理的排放。

随着改革开放的进一步深入，国有企业的"负担"过重问题得到有效处理，但并不等于国有企业就不承担社会责任了，在某些领域（如工人工资、职工福利方面）仍然起着不可替代的作用。伴随企业市场竞争意识和环保意识的不断提高，加上新技术的运用，尤其进入 20 世纪 80 年代中后期，企业的资源使用效率逐步提高，污染物的排放得到有效控制，从表 6-1 的统计数据可以证明这一点。但排放总量仍然很大。尽管在生态责任方面已经迈出了很重要的一步，但离真正的"生态人"路途还很遥远，需要全社会的共同努力。其实这里涉及企业的功能定位问题和社会选择发展模式问题。本书认为，我们首先要走出一个误区——发展与环保的矛盾误区。传统发展理论认为，社会要发展、企业要生产，污染就不可避免，或者说发展和环保是不可调和的矛盾。这种观点是不正确的。因为，企业生产和污染并不是同义语，上游企业的生产排泄物往往是下游产品的原材料，只要我们严格按照循环经济发展模式进行清洁生产，绝大部分污染都可以避免，甚至可以杜绝污染。这一点已经被一些循环经济发展较好的发达国家（如日本、德国等）实践案例证明。当然，政府的限制措施往往会催生一些新的产业，创造新的市场商机，如果能在一项政策措施出台的初期，对相关企业进行必要的事前引导，往往比事后监督的效果会更好。

表 6-1　1985—2014 年全国工业固体废物排放情况

年份	工业固体废物产生量/ 10^4 t	工业固体废物综合利用量/ 10^4 t	工业固体废物综合利用率/%	工业固体废物贮存量/ 10^4 t	工业固体废物处置量/ 10^4 t	工业固体废物排放量/ 10^4 t	工业固体废物占地面积/ 10^4 m²
2014	325 620	204 330	0	45 033	80 388	0	0
2013	327 702	205 916	0	42 634	82 969	0	0
2012	329 044	202 462	0	59 786	70 745	0	0
2011	322 772	195 215	0	60 424	70 465	0	0
2010	240 994	161 772	66.7	23 918	57 264	498	0
2009	203 943	138 186	67	20 929	48 291	711	0
2008	97 751	68 388	64.3	7 817	24 255	390	0
2007	175 632	110 311	62.1	24 119	41 350	1 197	0
2006	151 541	92 601	59.6	22 398	42 883	1 302	0
2005	134 449	76 993	56.1	27 876	31 259	1 655	0
2004	120 030	67 796	55.7	26 012	26 635	1 762	0
2003	100 428	56 040	54.8	27 667	17 751	1 941	0
2002	94 509	50 061	52	30 040	16 618	2 635	0
2001	88 840	47 290	52.1	30 183	14 491	2 894	0
2000	81 608	37 451	51.7	28 921	9 152	3 183	58 364

年份	工业固体废物产生量/10^4 t	工业固体废物综合利用量/10^4 t	工业固体废物综合利用率/%	工业固体废物贮存量/10^4 t	工业固体废物处置量/10^4 t	工业固体废物排放量/10^4 t	工业固体废物占地面积/10^4 m^2
1999	78 442	35 756	51.1	26 295	10 764	3 881	62 808
1998	80 068	33 387	47	27 546	10 527	7 048	65 412
1997	65 750	30 009	45.6	27 980	10 876	1 841	50 650
1996	65 897	28 364	43	26 364	11 491	1 690	51 680
1995	64 474	28 511	42.9	24 779	14 204	2 242	55 440
1994	61 704	26 693	41.8	24 828	17 642	1 932	55 697
1993	61 708	24 826	38.7	26 665	15 720	2 152	52 052
1992	61 884	25 554	39.6	26 836	13 986	2 587	54 223
1991	58 759	22 285	36.6	27 588	11 696	3 376	50 539
1990	57 797	16 943	29.3	0	32 026	4 767	58 390
1989	57 173	16 137	28.2	0	30 988	5 265	55 404
1988	56 132	14 715	26.2	0	27 349	8 545	53 795
1987	53 541	13 712	25.6	0	25 713	8 678	0
1986	60 364	14 730	24.4	0	23 983	13 306	0
1985	48 409	12 187	25.2	0	0	0	0

注："0"表示当年没有统计。

数据来源：根据《中国环境保护网》数据库整理。

6.1.1 我国企业发展及"三废"排放情况

本书根据中国环境保护数据库的相关资料数据进行整理，系统归纳分析了自 1985 年以来一直被认为造成环境污染的主要"元凶"——"三废"的排放[1]及治理情况。由于数据统计年限达到 30 年，有些数据统计口径上存在误差或不完全一致

---

① 工业"三废"是指固体废物、废气和废水。关于工业"三废"的统计问题，由于在计划经济时期的统计指标和改革开放后的统计指标存在统计口径和统计方法上的不一致，随着我国市场经济体制的逐步建立，相关统计指标的统计方法和统计内容方面也逐渐与市场经济接轨，但为了保持统计指标的一致性和连续性，并未做改动。事实上，在工业"三废"统计上使用的"排放量"，只有经过处理后的"排放量"是指向自然界排放的量，其余"排放量"是指在企业生产过程中的"产生量"，并非直接向自然界排放的量。本章统计表中使用的"排放总量"是指前者，"排放量"是指后者。

的地方，但从统计数据的总体趋势上看，说明中国企业和政府在环境污染控制和治理方面已经并且正在努力做了很多事情，实践中已经取得了相当好的效果，可以实事求是地讲，我国政府和企业正在以实际行动践行着生态责任。

6.1.1.1　全国工业固体废物的排放情况

对环境造成真正影响的固体废物主要是指工业固体废物，在新中国成立初期直至改革开放后的 20 世纪 80 年代中后期，由于我国企业生产技术不发达，加上当时生产企业资源重复利用的观念淡薄，自然资源禀赋又相对比较丰富，对于企业在生产过程中产生的固体废物暂时一下子无法实现完全再利用，露天堆放是当时最直接、最简单的处理方式，这种处理方式不仅占用大面积有效土地，还因露天堆放直接风吹日晒等原因，固体废物造成环境二次污染或次生灾害等现象也时有发生。

为说明情况，根据表 6-1 的统计数据，分别选择工业固体废物产生量、工业固体废物综合利用量、工业固体废物排放量 3 个主要指标和工业固体废物综合利用率，分别作图（图 6-1 和图 6-2），以便直观地看清楚相关数据的发展趋势和走向。

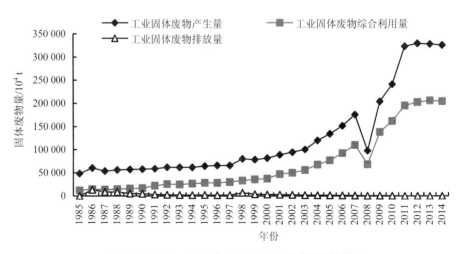

图 6-1　1985—2014 年全国工业固体废物排放情况

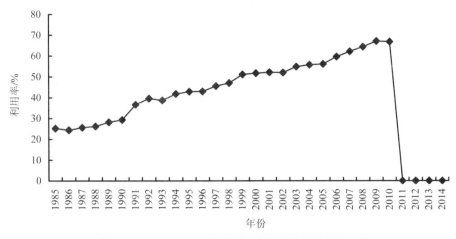

图 6-2 1985—2014 年全国工业固体废物综合利用率

从表 6-1 的统计数据和图 6-1 的曲线趋势可以看出，1985 年到 2014 年 30 年间，随着我国经济快速发展，我国工业固体废物产生总量呈上升趋势，且增长幅度较大，2014 年的产生总量是 1985 年的近 7 倍，这与我国经济快速发展有直接关系。由于我国政府和企业对环境问题越来越重视，产生如此多的工业固体废物，并未对环境造成直接影响。从表 6-1 的工业固体废物排放量和工业固体废物占地面积等指标可以看出，全国总体排放量呈逐年递减的趋势，2008 年，已经降低到 390×10^4 t，到 2010 年以后，已经没有直接排放了。也就是说，通过再次综合利用、贮藏、处理等具体方式，已经基本解决了工业固体废物直接排放的问题。事实上，我国政府和企业正在用实际行动证明"世界上没有真正的垃圾，只有放错了位置的资源"，图 6-2 的全国工业固体废物的综合利用率走势完全证明了这一点，1985 年综合利用率只有 1/4 左右，到 2010 年这一指标已经超过了 2/3，而且随着生产技术水平的不断提高，综合利用率会越来越高，直至零排放。

6.1.1.2 全国废气排放及治理情况

废气是造成环境污染的又一重要"元凶"，废气中对环境影响最大的当属二氧化硫，二氧化硫的排放主要通过工业燃料燃烧和生产工艺排放，同时，烟尘的直接排放也是二氧化硫直接进入大气的主要渠道。当然，其中夹带的副产品如二氧化碳、甲烷、甲醛等也会对环境造成直接影响。近年来在全国范围内大面积出现的雾霾现象已经告诉我们，环境问题绝不单纯是哪个国家、哪个地区或哪个人的事情，它是需要全人类共同面对的重大课题，来不得半点虚假，任何侥幸心理都不会得逞的。
表 6-2 为 1985—2014 年全国废气排放及治理情况。

表 6-2　1985—2014 年全国废气排放及治理情况

年份	废气排放总量（标态）/10^9 m³	工业废气排放量（标态）/10^9 m³	燃料燃烧废气排放量（标态）/10^9 m³	生产工艺废气排放量（标态）/10^9 m³	工业燃料燃烧废气消烟除尘率/%	工业生产工艺废气净化处理率/%
2014	0	694 190	0	0	0	0
2013	0	669 361	0	0	0	0
2012	0	635 519	0	0	0	0
2011	0	674 509	0	0	0	0
2010	0	291 003	161 571	129 432	0	0
2009	0	436 064	241 201	194 862	0	0
2008	0	229 695	119 219	110 475	0	0
2007	0	388 169	209 922	178 247	0	0
2006	0	201 825	109 277	92 548	0	0
2005	0	268 988	155 238	113 749	0	0
2004	0	237 696	139 726	97 971	0	0
2003	0	198 906	116 447	82 459	0	0
2002	0	175 257	103 776	71 481	0	0
2001	0	160 863	93 526	67 337	0	0
2000	0	138 145	81 970	56 032	91.4	83.9
1999	0	126 807	75 919	50 887	88.3	80.3
1998	0	121 203	72 985	48 218	89.4	77.1
1997	0	113 375	75 480	48 257	90.4	79.4
1996	0	111 196	70 019	41 177	90	75
1995	123 380	107 478	66 949	40 530	89.7	70.8
1994	113 630	97 463	61 800	35 664	88.6	71.8
1993	109 604	93 423	60 041	33 382	86.2	70.1
1992	105 462	90 308	57 897	32 412	85.7	68.9
1991	101 416	84 699	53 649	31 050	85.3	64.7
1990	85 380	0	59 478	25 902	73.8	62
1989	83 062	0	57 612	25 450	70.1	57.3
1988	82 382	0	56 417	25 965	0	0
1987	77 270	0	52 622	24 648	0	0
1986	69 679	0	46 467	23 212	0	0
1985	73 972	0	45 375	28 597	0	0

注：1985—1995 年是企事业单位污染治理情况的数据；"0"表示当年没有统计。

数据来源：根据《中国环境保护网》数据库整理。

　　同样，为说明问题，根据表 6-2 的统计数据，分别作图（图 6-3 和图 6-4），以便直观地看清楚相关数据的发展趋势和走向。

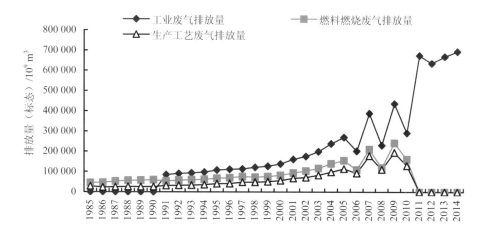

图 6-3　1985—2014 年全国废气排放量

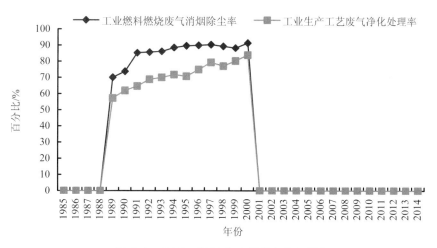

图 6-4　1985—2014 年全国废气治理情况

　　从 1985—2014 年 30 年的统计数据看，全国废气排放总量呈上升趋势，2014 年的排放总量是 1985 年排放总量的近 10 倍，这与我国经济的快速增长呈直接正相关关系。尽管如此，中国政府和企业对环境问题的重视程度也在逐年增加，在排放总量增加的同时，治理力度越来越大，这一点从工业燃料燃烧废气消烟除尘率和工业生产工业废气净化处理率两个指标上可见一斑，已经从开始的 60%～70% 上升到了 90% 以上。

对于废气中影响环境最严重的当属二氧化硫，其 1985—2014 年的排放情况见表 6-3。

表 6-3　1985—2014 年全国二氧化硫排放及治理情况

年份	二氧化硫排放总量/10^4 t	工业二氧化硫排放量/10^4 t	生活二氧化硫排放量/10^4 t	烟尘排放总量/10^4 t	工业烟尘排放量/10^4 t	生活烟尘排放量/10^4 t	工业粉尘排放量/10^4 t	工业燃料燃烧二氧化硫排放达标率/%	工业生产工艺二氧化硫排放达标率/%
2014	1 974.42	1 740.35	233.87	1 740.75	1 456.13	227.09	0	0	0
2013	2 043.92	1 835.19	208.54	1 278.14	1 094.62	123.9	0	0	0
2012	2 117.6	1 912	205.7	1 234.3	1 029	142.7	2 337.8	0	0
2011	2 217.9	2 017	200.4	1 278.8	1 101	1 729	0	0	0
2010	1 864	1 570	285	829	603	226	449	0	0
2009	2 214	1 566	149	848	604	243	524	0	0
2008	2 321	1 991	330	902	671	231	585	0	0
2007	2 468	2 140	328	987	771	216	699	87.4	81.8
2006	2 589	2 235	354	1 089	865	224	808	82.3	81
2005	2 549	2 168	381	1 183	949	234	911	0	0
2004	2 255	1 891	364	1 095	887	209	905	78.6	59.4
2003	2 159	1 792	367	1 049	846	203	1 021	75.4	59.3
2002	1 927	1 562	365	1 013	804	209	941	72.9	55.1
2001	1 948	1 566	381	1 059	852	218	991	62.8	51
2000	1 995	1 613	383	1 165	953	212	1 092	0	0
1999	1 858	1 460	397	1 159	953	206	1 175	0	0
1998	2 090	1 594	497	1 452	1 179	277	1 322	0	0
1997	2 346	1 363	494	1 873	685	308	1 505	0	0
1996	0	1 364	0	0	758	0	562	0	0
1995	1 891	1 405	0	1 478	838	0	639	0	0
1994	1 825	1 341	484	0	807	0	583	0	0
1993	1 795	1 292	503	1 416	880	536	617	0	0
1992	1 685	1 323	362	1 414	870	544	576	0	0

年份	二氧化硫排放总量/10⁴ t	工业二氧化硫排放量/10⁴ t	生活二氧化硫排放量/10⁴ t	烟尘排放总量/10⁴ t	工业烟尘排放量/10⁴ t	生活烟尘排放量/10⁴ t	工业粉尘排放量/10⁴ t	工业燃料燃烧二氧化硫排放达标率/%	工业生产工艺二氧化硫排放达标率/%
1991	1 622	1 165	457	1 314	845	469	579	0	0
1990	1 495	0	0	1 324	0	0	781	0	0
1989	1 564	0	0	1 398	0	0	840	0	0
1988	1 523	0	0	1 436	0	0	1 126	0	0
1987	1 412	0	0	1 445	0	0	1 004	0	0
1986	1 250	0	0	1 384	0	0	1 170	0	0
1985	1 324	0	0	1 295	0	0	1 305	0	0

注：1985—1995 年是企事业单位污染治理情况的数据；"0"表示当年没有统计。

数据来源：根据《中国环境保护网》数据库整理。

同样，为说明情况，根据表 6-3 的统计数据，分别选择全国二氧化硫排放总量、工业二氧化硫排放量和生活二氧化硫排放量 3 个主要指标和全国烟尘排放总量、工业烟尘排放量、生活烟尘排放量、工业粉尘排放量作图（图 6-5 和图 6-6），以便直观地看清楚相关数据的发展趋势和走向。

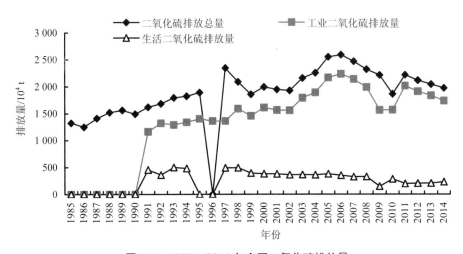

图 6-5　1985—2014 年全国二氧化硫排放量

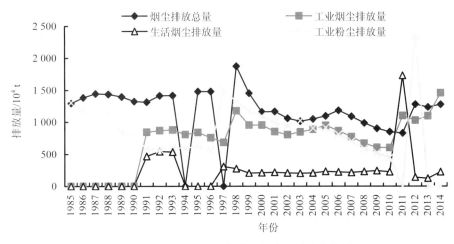

图 6-6　1985—2014 年全国烟尘、粉尘排放量

从图 6-5 可以看出，近 30 年来二氧化硫的排放总体略呈上升趋势，但上升幅度不大，相对稳定，值得一提的是，生活二氧化硫排放自 20 世纪 90 年代中后期开始，呈逐年下降趋势，本书认为，这与我国政府重视民生工作的宏观政策有着直接关系，尤其精准扶贫政策的实施，我国贫困人口将大量减少，老百姓生活方式也越来越环保，更多地使用清洁能源、更加环保的装修材料以及更加环保的生活用具、用品等，都直接或间接地减少居民生活二氧化硫的排放。从另外角度来说，我国企业也正在生产更加环保的产品，以实际行动践行着企业生态责任。

对于全国烟尘排放总量、工业烟尘排放量、生活烟尘排放量、工业粉尘排放量等指标总体趋势都较平稳，个别年份可能因为某些具体政策（尤其相关环保政策）的实施影响了相关指标的走势，但从总体趋势看，呈下降趋势。这与国家环保政策的陆续实施以及生产企业的自律行为等都有直接或间接关系。

6.1.1.3　全国废水排放及治理情况

在造成环境污染的"三废"中，废水直接排放对环境的影响也是非常直接的，其中工业废水夹带的重金属等重度污染物会直接进入食物并传递给人体，通过影响食品安全影响人类健康。化学需氧量（COD）的过度排放会直接影响排放水域的其他生物的生长，甚至直接造成一些沿海地区出现大面积"赤潮"及"海洋荒芜"现象。1985—2014 年的废水排放及治理情况见表 6-4，化学需氧量的排放情况见表 6-5。

表6-4 1985—2014 年全国废水排放总量及治理情况

年份	废水排放总量/10⁹ t	工业废水排放量/10⁹ t	城镇生活污水排放量/10⁹ t	工业废水排放达标率/%	工业废水处理率/%	工业用水重复利用率/%	城镇生活污水处理率/%
2014	716.18	205.34	510	0	0	0	0
2013	695.44	209.8	485	0	0	0	0
2012	684.8	221.6	463	0	0	0	0
2011	659.2	231	0	0	0	0	0
2010	617	238	380	95.3	0	85.7	72.9
2009	590	234	224	94.2	0	85	63.3
2008	572	131	208	92.4	0	83.8	70.3
2007	557	247	310	91.7	0	82	62.8
2006	537	240	297	91.7	0	82	62.8
2005	525	243	281	91.2	0	75.1	37.4
2004	482	221	261	90.7	0	74.2	32.3
2003	460	212	248	89.2	0	72.5	25.8
2002	440	207	232	88.3	0	71.5	22.3
2001	433	201	228	85.6	0	69.6	18.5
2000	416	194	221	82	94.7	0	0
1999	401	197	204	71.1	90.5	0	0
1998	395	201	195	65.3	87.4	0	0
1997	416	227	189	61.8	84.7	0	0
1996	0	206	0	59.1	81.6	0	0
1995	373	222	151	55.4	76.8	0	0
1994	365	216	150	55.8	75	0	0
1993	356	220	136	54.9	72	0	0
1992	359	234	125	52.9	68.6	0	0
1991	336	236	100	50.2	63.5	0	0
1990	354	249	105	50.1	32.2	0	0
1989	354	252	101	0	0	0	0
1988	367	268	99	0	0	0	0
1987	349	264	85	0	0	0	0
1986	339	260	79	0	0	0	0
1985	342	257	84	0	0	0	0

注：1997—2000 工业燃料燃烧废气消烟除尘率和工业生产工艺废气净化处理率是县及县以上数据；"0"表示当年没有统计。

数据来源：根据《中国环境保护网》数据库整理。

表 6-5 1985—2014 年全国化学需氧量排放及治理情况

年份	化学需氧量排放总量/ 10^4 t	工业化学需氧量排放量/ 10^4 t	城镇生活化学需氧量排放量/ 10^4 t	氨氮排放总量/ 10^4 t	工业氨氮排放量/ 10^4 t	城镇生活氨氮排放量/ 10^4 t
2014	2 294.59	311.35	864	238.53	23.16	138
2013	2 352.72	319.47	890	245.66	24.58	141
2012	2 423.7	339	913	253.6	26	145
2011	2 499.9	354.8	0	260.4	28.1	0
2010	1 239	435	803	120	27	93
2009	1 278	440	410	123	27	47
2008	1 321	198	429	127	15	49
2007	1 382	511	871	132	34	98
2006	1 428	542	887	141	43	99
2005	1 414	555	860	150	53	97
2004	1 339	510	830	133	42	91
2003	1 334	512	822	130	40	89
2002	1 367	584	783	129	42	87
2001	1 407	608	799	0	0	0
2000	1 445	705	741	0	0	0
1999	1 389	692	697	0	0	0
1998	1 499	806	693	0	0	0
1997	1 757	1 073	684	0	0	0

注："0"表示当年没有统计。

数据来源：根据《中国环境保护网》数据库整理。

为说明情况，根据表 6-4 的统计数据，分别选择全国废水排放总量、工业废水排放量和城镇生活污水排放量 3 个主要指标作图（图 6-7），选择工业废水排放达标作图 6-8；选择表 6-5 化学需氧量排放总量、工业排放量和城镇生活排放量 3 个指标作图 6-9，以便直观地看清楚相关数据的发展趋势和走向。

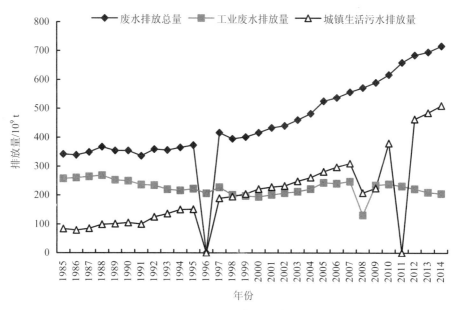

图 6-7　1985—2014 年全国废水排放量

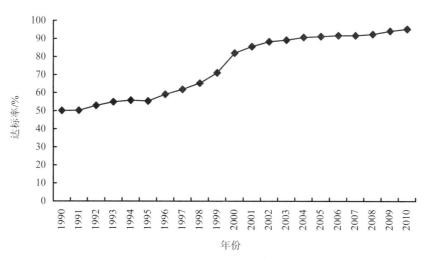

图 6-8　1990—2010 年全国工业废水排放达标率

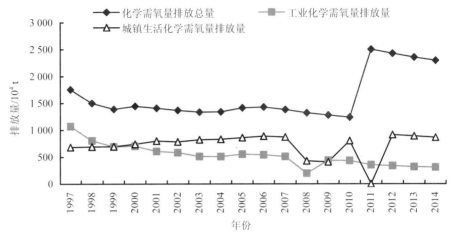

图 6-9　1997—2014 年全国化学需氧量排放量

从图 6-7、图 6-8、图 6-9 走势来看，废水排放总量和化学需氧量排放总量都呈上升趋势，但两项指标的工业排放量却呈下降趋势，那么也就是说两项指标的城镇生活排放量呈上升的趋势。两项指标中工业排放量下降与废水排放达标率的上升趋势直接相关，到 2010 年工业废水排放达标率已经超过了 95%，也就是说，国家正在提高工业废水的达标排放。对于未来一段时间，应该要更加重视城镇居民生活的污水排放处理了。

这里需要说明的一点是，由于环境本身具有自净能力（环境承载力），当污染速度和总量没有达到环境总量的阈值（门槛或临界值）时，环境问题也就不会凸显出来了。所以说，企业生态责任本身就是历史性的概念，当污染的排放在环境容量可以容许的范围时，即使超前提出这一概念，或许也会被攻击甚至谩骂，认为是歇斯底里地狂叫。也许人们已经习惯了这样的处理问题方式，只有当问题出现时才会意识到问题的严重性，即使之前有人提醒或警告过，但都不会引起注意，对于有些事情可以"亡羊补牢"，但有些事情（如环境问题）却要付出比之前得到的要多得多的甚至无法弥补的代价和更长的时间。这也提醒我们是否可以换一种思维方式，在对待环境问题上，预防的成本比恢复治理成本要小得多，而获得的收益却要大得多，这已经是不争的事实。

6.1.2 我国企业生态责任现状

对企业而言，科学认识且积极履行生态责任是一个循序渐进的过程。从人类社会发展历程来看，企业责任及企业生态责任是生产力发展到一定水平后的产物，在物质财富极其匮乏的发展阶段，企业在与利益相关者构建的关系里占据着主动地位，相应地，企业就会缺乏一定的公民意识；只有当物质财富极其丰富后，尤其是公民权利意识觉醒后，企业与消费者或者其他利益相关者的关系就会被重构，此时，无论是从赢得自身发展空间还是充分保障消费者权益，企业都会认识到责任对于自身发展所发挥的积极作用，以及通过履行责任能够赢得消费者的认可，从而实现自身可持续发展。

改革开放以来，随着社会主义市场经济体制的建立与完善，企业作为市场经济活动的重要经济主体，得到了迅猛的发展，除了国有企业外，越来越多的具有发展活力的集体企业和民营企业逐渐在经济活动中起了越来越积极的作用，尤其是数量可观的民营企业和乡镇企业在促进我国经济快速增长和解决就业以及维护社会稳定等方面发挥了不可替代的作用。特别是在党的十八大之后，随着我国商事制度的改革，以及"大众创业、万众创新"推进，又有一大批颇具活力和高科技含量的企业应运而生。不可否认，在充分发挥市场在资源配置中起决定性作用的大背景下，企业会成为推动我国持续健康发展的推动力。

正如前文所分析的，企业生态责任是一个发展过程中诞生的问题。对于我国企业来说，当环境和资源尚未成为问题的背景下，企业生态责任并没有让企业认识到该是一个需要重视的问题。只有当环境破坏和资源枯竭成为影响整个经济社会持续发展的时候，企业才会认识到从一个公民的角度来减轻生产对环境的破坏和降低对资源的浪费，是一个事关整个经济社会可持续发展的关键因素，且也是一个事关自身竞争力塑造和发展能否可持续的核心因素。尤其是当生态文明战略实施以来，我国的企业能从宏观层面出发，结合自身所处行业以及企业内部经营实况，有针对性地将生产经营活动纳入生态文明战略中。既能从理念上认识到生态文明的紧迫性和重要性，以及生态责任的必要性，又能从行动上践行生态文明理念，将低碳排放、清洁生产运用到生产过程中，并向社会提供生态品质高的产品，积极地向消费者提供具有生态效益的产品。

不能忽略的是，由于每个地区所处的发展阶段不同，以及国家法律实施效果的不尽如人意，仍有一部分企业没有积极履行生态责任，仍然不顾及环境破坏和资源浪费，并在某些地区成为破坏环境和浪费资源的主要推手，且引起了群众的极大不满。很显然，这是一个不能否认的事实，需要国家监管部门加大惩罚力度，让企业乐于环保、能够低碳。与此同时，增加污染治理的投入也是政府的正确选择，如果政府提供的公共产品能够弥补一些管理方面漏洞，即使没能及时发现并处理好企业的污染排放，但从环境总量上看，也不会直接增加环境负担，是政府在履行生态责任，能够延缓环境总量阈值（门槛，临界值）的到来，为企业履行生态责任赢得缓冲时间。

表 6-6 是 1985—2014 年全国企业污染治理的投资情况，从表中可以看出我国政府正在以实际行动为解决环境污染问题做着大量工作。

表 6-6　1985—2014 年全国工业污染治理投资情况

年份	当年施工（安排）污染治理项目数/个	污染治理项目当年完成投资额/亿元	其中				
			治理废水/亿元	治理废气/亿元	治理固体废物/亿元	治理噪声/亿元	其他/亿元
2014	5 951	998	115	789	15	1.1	76
2013	5 593	850	124	640	14	1.7	68
2012	5 390	500	140	258	25	1.1	76.4
2011	9 257	444.3	157.7	211.7	31.4	2.2	41.4
2010	4 337	397	130.1	188.8	14.3	1.2	62.2
2009	9 122	267.6	878	131.9	16	1	30.9
2008	7 562	349.9	111	175.3	13.6	2.4	47.4
2007	13 664	552.4	196.1	275.3	18.3	1.8	60.7
2006	13 101	483.9	151.1	233.2	18.2	3	78
2005	13 330	458.2	133.7	213	27.4	3.1	81
2004	12 944	308.1	105.6	142.8	22.6	1.3	35.8
2003	11 292	221.8	87.4	92.1	16.2	1	25.1
2002	11 557	188.4	71.5	69.8	16.1	1	30
2001	11 640	174.5	72.9	65.8	18.7	0.6	16.5
2000	27 243	239.4	109.6	90.9	11.5	6	21.4
1999	19 866	152.7	68.8	51	8.3	0.9	23.7
1998	14 374	123.8	73.3	32.5	8.7	0.8	8.5
1997	8 985	116.4	72.8	28.7	6.3	0.8	7.8
1996	6 990	95.6	47.4	28.1	9.1	1	10
1995	20 624	98.7	45.6	33.2	14.1	2.2	3.8
1994	21 850	83.3	34.7	30.4	12.1	1.9	4.3

年份	当年施工（安排）污染治理项目数/个	污染治理项目当年完成投资额/亿元	其中				
			治理废水/亿元	治理废气/亿元	治理固体废物/亿元	治理噪声/亿元	其他/亿元
1993	23 500	69.3	29.4	25.5	8.6	1.5	4.3
1992	26 816	64.7	30	21.5	8	1.8	3.5
1991	31 072	59.7	29.2	19.7	6.7	1.8	2.2
1990	29 213	45.4	21.6	14.8	5.1	1.2	2.7
1989	0	43.5	19.7	15.8	4	1.3	2.8
1988	0	42.4	18.6	15.3	4.3	1.2	3
1987	0	35.9	15.7	12.4	4	1.1	2.8
1986	0	28.8	12.7	9.6	3	0.9	2.6
1985	0	22.2	10	7.3	1.9	0.5	2.5

注："0"表示当年没有统计。

数据来源：根据《中国环境保护网》数据库整理。

从图 6-10 可以看出，我国政府每年投资完成的污染治理项目投资额呈上升趋势，而且上升幅度很大，2014 年当年投资完成额是 1985 年当年投资完成额的 45 倍，足以看出我国政府解决环境问题的力度和决心，尤其在废气处理方面的投资力度逐年加大。相信在不久的将来，祖国处处都是绿水青山、天高云淡。

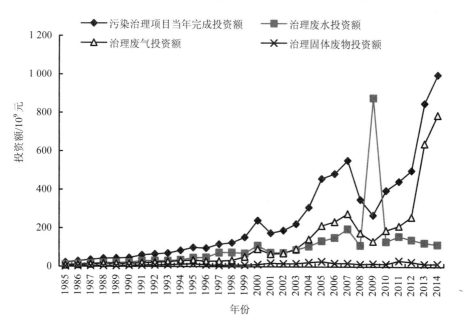

图 6-10　1985—2014 年全国工业污染治理投资额

6.1.3 中国企业生态责任问题原因分析

辩证地看，在履行生态责任方面，我国企业既有成绩又有不足，需要实事求是地对原因给予剖析。

（1）成绩的取得是现实的倒逼。经过了多年的粗放式发展，我国经济总量在世界上的排名越来越靠前，但是质量并没有取得相应的名次。尤其是以往的掠夺式、破坏式发展模式，极大地破坏了环境和浪费了资源，由此使极端天气、资源枯竭成了我国经济实现可持续增长的最大障碍。这就使政策决策者开始反思以往制定的政策，并将生态主义纳入政策体系。为了将政策落实到位，政策决策者就从约束的角度来要求企业切实履行生态责任，必须在生产过程中把低碳排放、保护环境、节约资源落到实处。在这样的外部约束下，企业逐渐将环境成本内化到生产成本中，并把如何保护环境和节约成本视作企业生产函数的硬预算约束。正是外部成本的内在化，使企业越来越重视环境保护和资源节约利用，表现在实际行动上就是更加注重履行生态责任，并实现了由理念到行动的转变，这是我国企业履行企业生态责任取得一些成绩的原因。

（2）存在的不足是实践的反映。尽管从宏观层面上，实施生态文明战略已经取得了共识，但是对于企业而言，如何追求利润最大化，是其基本目标。无论是低碳排放还是清洁生产，对于企业来说，都意味着要承担比以往的生产方式更高的生产成本，事实上是在降低企业的利润水平，这显然就会使企业降低履行生态责任的内在积极性。与此同时，监管不到位、执行不严格，又在一定程度上纵容了企业的高碳排放和污染生产，企业没有得到应有的惩罚。企业就是在这样的惩罚软约束的前提下，不断延续以往的生产方式，以及继续污染环境和浪费资源，丝毫没有以企业公民的角度来履行企业生态责任。

总而言之，对于企业来说，是否履行企业生态责任必须进行理性判断，履行到什么程度更应精准定位。在生态文明日益深入人心的今天，如何履行生态责任而不是是否履行生态责任，应该是企业需要深思熟虑的课题。在一定要履行企业生态责任的前提下，企业应当积极探究如何以低成本履行企业生态责任，如何最大限度地获取履行企业生态责任所产生的收益。同时，还要进一步强化外部约束，通过监管、惩罚等经济手段来约束企业生产经营行为。只有这样，才能从微观层面的企业生态

责任的履行逐渐实现中观层面的行业环保化和节约化进而实现宏观层面的环境友好和资源节约，最终将生态文明战略践行到实处。

6.2 我国企业生态化的发展战略

　　企业践行生态责任的直接表现就是企业要走生态化的发展道路。企业生态化的过程就是由传统的"经济人"向"生态人"发展迈出的重要一步。也就是说，企业由原来的不顾及资源的使用效率、不考虑环境破坏对人类社会的长远影响向注重节约资源、保护环境"蜕变"的过程。具体地说，企业生态化就是企业依据生态经济规律和生态系统的高效、和谐、优化的原理，综合运用生态工程手段和一切有利于实现社会经济可持续发展的现代化科学技术，设计和改造企业的工艺流程，组织企业内部生产过程的合理循环，以达到提高企业投入产出的物质和能量的转换效率，尽量节约能源物质的总体消耗，实现废弃物的循环再生，减少污染排放，以期最大限度地实现能量的多重利用并对生态环境污染破坏最轻的过程。企业生态化过程是企业承担此生态责任的最直接体现，其主要着眼点是从根本上消除造成污染的根源，实现集约、高效的无废、无害、无污染的清洁生产，提高企业的生态经济效率的最终目标，彻底避免了传统的资源与环境治理的消除污染造成的后果的事后行为的弊端。

　　企业生态化过程也是一个不断完善的动态过程，其具体内容至少包括经营理念生态化、资源利用生态化、产品生产生态化以及管理方式生态化等方面，并随着社会的发展不断完善的过程。经营理念生态化是指以可持续发展理念为出发点和归宿点，以实现人类社会的总体福利帕累托最优为最终目标的企业战略经营理念，是企业生产经营的指导思想；资源利用生态化是生态化经营理念的现实转化，是企业实现绿色生产的基本前提；产品生产生态化是企业实现生态化的核心，包括产品设计的生态化、生产产品的生态化、产品销售的生态化以及产品"残骸"回收的生态化；管理方式生态化是以企业生态化的经营理念为指导，运用科技知识、网络等现代化手段，实现企业管理成本最低、能源消耗最低的现代化的管理方式。这些方面是相互联系、相互作用的一个有机整体。可以说，企业生态化的过程也是企业生态责任理念的形成并付诸实施的过程，必须运用生态学原理和系统工程等方法进行综合研究，才能真正实现企业生态化。

6.2.1 企业生态化的理论综述

对于企业生态化问题的研究起步较晚，国内外学者从不同视角切入。主要理论有以下几方面：

6.2.1.1 企业环保理论

日本学者山本良一从企业发展战略角度，通过具体案例阐述了企业生产经营应有的生态模式，并提出具体生态设计原则及如何实现该模式的办法[①]。我国学者陈浩从生态企业发展及企业生态化的机制建立角度探讨企业生态化理念、生态企业的基本要求以及创建生态企业发展模式的基本措施，指出合理利用资源、降低物质消耗、提高资源利用率是实现防止污染、保护环境、实施企业生态化的根本途径。[②]Graedel等（2004）针对技术变革与生态危机、生态与社会的关系以及关于环境的工业产品设计、管理工业生态与服务等相关问题进行了系统的研究，提出操作性很强的对策性建议及方法。杨忠直则运用生态学与系统科学原理分析产业生产力的形成过程和物质循环过程，提出技术生态化、产业生态化、企业生态化和产业间生态化的行为观点和生态标准，并对生态文化的形成、战略实施过程和法规建设等问题进行了探索。[③]刘怫翔[④]和王子彦[⑤]等从技术生态化概念出发，提出实施可持续发展战略不仅要求经济、生态和社会可持续发展，也必然要求技术可持续发展，这是由技术与经济、技术与环境、技术与社会的关系，以及迄今为止的传统技术缺陷所决定的。朱庆华等从环境管理系统中产品生态设计的执行和管理两方面入手，建立了与环境系统平行的产品设计模型。[⑥]这些研究成果对企业生态化的发展以及企业生态责任的研究都起到非常积极的促进作用，已经对传统思维形成了一定冲击，但他们并没有跳出"人类中心主义"的假设前提，也就是说，仍然围绕人类这个中心论述企业应

---

① [日]山本良一：《战略环境经营——生态设计（范例 100）》，（王天民译），北京：化学工业出版社，2003年版。

② 陈浩：《生态企业与企业生态化机制的建立》，载《管理世界》2003 年第 2 期。

③ 杨忠直：《以生态化标准推进我国产业发展》，载《北京工业大学学报（社会科学版）》2004 年第 1 期。

④ 刘怫翔：《论生态危机的根源与产业技术生态化》，载《沈阳农业大学学报（社会科学版）》2001 年第 6 期。

⑤ 王子彦、陈昌曙：《论技术生态化的层次性》，载《自然辩证法研究》1997 年第 8 期。

⑥ 朱庆华、耿勇：《中国制造企业绿色供应链管理因素研究》，载《中国管理科学》2004 年第 3 期。

该怎么做的问题。事实上，经济系统只是生态系统的一部分，人类也只是生态系统中众多物种之一，如果不从根本上去除"人类中心主义"这个造成生态危机根源的思想，就难以实现真正的人与自然和谐相处。

6.2.1.2 商业生态系统论

美国环境经济学家兼企业家身份的保罗·霍肯（Paul Hawken，1994）在其代表性著作《商业生态学》中，本着"对社会、对环境负责"的态度，对当前企业行为提出严重警告，"我们已经走到了工业文明中一个动荡不安、影响深远的转折点"，"企业人士要么致力于把商业改造成为一项可以恢复生态环境健康的事业，要么就将社会推向坟墓"[①]，"按照公司目前的做法，没有任何一种野生动物保护区、旷野或一种本土文化将在全球市场经济活动中生存下来。我们知道这个星球上的每一个自然生态系统都在解体。无论土地、水、空气或海洋都已发生功能性的变化，从养育生命的系统变为堆放废物的仓库。可以毫不客气地说，企业正在毁灭这个世界"[②]。尽管如此，霍肯对企业生态化的发展前景还是非常乐观的，他认为解决环境问题，"解铃还需系铃人"，只有企业才能拯救"环境"，因为企业是人类创造的优秀社会与科学技术的结晶，是地球上最强有力和最有组织的实体。为了全人类的事业，当今的商业企业必须使自己成为适应性强、反应能力强的生态型企业。生态型企业要求把自己作为"生物体"，把影响企业和受企业影响的利益相关者及各种环境要素当作"企业生态系统"来设计生态企业的发展战略管理与经营模式。只有这样，企业之间才会不再是强取豪夺、才会适应未来社会的发展，如果没有企业的觉悟和实际行动，就不可能全面彻底地解决地球的环境问题。"我相信企业已经处在这样一场变革的边缘，一场由不容再无视其存在和抛弃在一边的社会力量和生物力量引起的巨变。这场巨变将会如此彻底，如此无所不包，以至于在未来的几十年后的企业身上将看不到一点点今天的商业机构的影子"[③]。莫尔（Moore，1999）用生态学理论重新诠释商业运作，主张共同进化论。他具体提出了商业生态系统的概念，即以组织和个体的相互作用为基础的经济联合体，消费者、供应商、主要生

① [美]保罗·霍肯（Paul Hawken）：《商业生态学——可持续发展的宣言（1994）》（夏善晨、余继英、方堃译），上海：上海译文出版社，2006 年版第 1 页。

② [美]保罗·霍肯（Paul Hawken）：《商业生态学——可持续发展的宣言（1994）》（夏善晨、余继英、方堃译），上海：上海译文出版社，2006 年版第 3 页。

③ [美]保罗·霍肯（Paul Hawken）：《商业生态学——可持续发展的宣言（1994）》（夏善晨、余继英、方堃译），上海：上海译文出版社，2006 年版第 2 页。

产者、竞争者和其他风险承担者等构成这种经济联合体成员，经济联合体生产出对消费者有价值的产品和服务。巴斯金（Baskin，2001）把自然科学的最新研究成果融入企业现实战略管理中，帮助企业重新思考其未来。他强调忘掉企业再造，生态企业的发展关键在基因，应该把注意力放在企业发展基因（DNA）上，这不仅关系到生物的生存，也关系到整个企业的未来。并通过绘制生态图深刻剖析了个人计算机生态进化的过程，以及如何创建有机公司与市场生态协同进化。美国社会学教授、生态马克思主义代表人物福斯特（John Bellamy Foster）认为，造成生态危机的根源在于资本主义制度本身，因为"资本主义在生态、经济、政治和道德方面是不可持续的，因而必须取而代之"[①]，企业只是这种制度的产物，如果彻底消除生态危机，"解决环境问题的方法必须超越盈亏底线。这才是21世纪的真正希望所在"[②]。

6.2.2　我国企业生态化的发展战略

企业是社会经济的基本构成单位，它存在于社会环境和自然环境之中，即存在企业与社会、企业与自然之间两种关系。现实中，更多的是重视企业与社会的关系，注重培养企业员工的业务能力和文化素质等，却往往忽视企业与自然环境之间的关系，轻视员工的生态素质的培养，这也许就是现实的环境问题一直很难根治的重要原因之一。企业生态化就是把生态学原理运用企业生产的这个生命周期，实行"产品生命周期负责制"，用人与自然的协调思维思考企业生产问题，优化企业的生产"基因"，以使人与自然、生态与经济之间的关系达到最优。

从生物学角度讲，基因是指生物体遗传组成的总和，是性状得以表现的内在物质基础。生物表现出来的所有性状的总和我们称之为生物表现型，它是基因型和内外环境条件相互作用的结果，但往往在遗传学中一般不去分析生物体全部基因型和全部表现型。因为，生物的表现型多种多样、五花八门。之所以生物有如此多的各种性状表现，一方面原因是要有基因型作为物质基础；另一方面生物在生长发育过程中，基因得以表现离不开一定的环境条件，这种条件包括外界条件和内部条件，

---

① [美]约翰·贝拉米·福斯特（John Bellamy Foster）：《生态危机与资本主义（2002）》（耿建新、宋兴无译），上海：上海译文出版社，2006年第61页。

② [美]约翰·贝拉米·福斯特（John Bellamy Foster）：《生态危机与资本主义（2002）》（耿建新、宋兴无译），上海：上海译文出版社，2006年第35页。

即基因之间相互作用。表现型=基因型+环境。可见环境条件的变化可以改变基因的表现型效应（生长发育必须在一定条件下才能实现），同时，基因之间的相互关系作用也是多种多样的。从社会学角度讲，如果把社会看成一个有机整体，那么企业就是构成这个整体的细胞，细胞质量的优劣直接影响整个机体的健康。所以，改变企业"基因"是社会朝着良性方向发展所必需的。

6.2.2.1 优化企业生态基因——"遗传"

企业的构成"基因"是复杂而多变的，即便如此，从企业发展战略的高度，把握住决定企业发展方向的关键性基因也就把握住了企业整体发展趋势。这些关键性基因至少包括企业追求效益的本性、争夺市场的本能以及为获利采用并发展先进生产技术、为企业长期生存规范经营的企业再造功能等，尤其应该遵守各项法律（包括各项环保法）的规定。这些关键性基因直接影响企业的前途和命运。所以，从企业长远发展战略看，优化企业基因就显得非常必要。这也是中国企业目前面临的主要问题之一。这一过程包括保留企业原有的"良性基因"（如成功的现代企业管理模式、先进的经营理念等），对于"不良基因"可通过企业内部改革的方式，按照相关法律规范的要求逐渐"剔除"，进而实现企业整体基因的优化。其过程可以通过多种渠道实现，如因政府新政策的出台，企业调整自己的发展战略等，也可采取民间的方式或利用中介机构的运作实现企业内部的改革。

2007 年 4 月 20 日由《财富智慧》杂志和福克斯杭州管理咨询有限公司共同主办的"浙商管理基因优化工程"的启动，给企业基因优化提供了成功的范例。该"工程"组委会的解释是，"该工程将实现浙江企业管理基因组的测定与分析，揭开浙商'守天下'的成功之道与目前浙江企业的成长短板，为整个浙江的经济发展提供加速度，也为中国的民营企业发展提供借鉴"。其最直接的效果就是通过"管理基因诊断系统"这个"放大镜"与"显微镜"，对企业的管理基因进行全方位地诊断，给企业做了一次全面的体检，指出企业的核心问题所在，发现潜在危机，快速帮助企业查看到一些被忽略的隐患，从而以最低的代价将问题解决在初级阶段。

基因优化工程只是我国企业发展过程的一种尝试，能否真正把企业原有的生态基因"激活"，并刺激其健康快速成长，是实现企业生态化的根本因素。只有这些生态化基因成为主导企业发展的关键性因素，实现企业生态化才有可能，才有可能使企业生态化真正成为企业的发展战略。这一过程的实现，往往还需要通过另外的方法来解决，那就是"基因变异"。

6.2.2.2 重组企业生态基因——"变异"

企业生态基因的"变异"过程就是通过改变企业生存发展的外部环境（如法律法规的修订与完善、市场环境的变化等），刺激企业某些基因发生"变异"，当然，这一过程中，政府的主导作用非常关键。政府理应成为企业生态基因"变异"的"操盘手"。如通过优化产业政策、制定严格的绿色认证制度以及鼓励和限制一些行业的发展等，都会对企业基因的"变异"产生直接影响。企业为了生存，必然会调整自己的发展战略，并且处理好短期利益与长期战略的关系，把眼光放在长远发展战略上，因为从长远看，绿色发展的概念将起主导作用，也是现代社会发展的必然趋势。可见，长远战略对企业今后发展至关重要。

对此，我们应该从以下两方面把握：一方面，政府对市场的有效干预能够消除或缓解市场失灵，使市场配置资源的效率得以提高。如政府对缺乏清晰产权的环境资源，通过制定或维护适当的制度安排，建立相对完善的产权制度，就能够提高这些资源的配置效率。另一方面，政府在思想观念上树立保护环境也是发展生产力的理念，增强政府的环保意识和生态责任理念。只有作为政策制定者的政府的思想意识得到提升，其生态责任思想才能在政策中得以体现，才能对企业生态基因的"突变"起到积极的推动作用。

6.3 低碳经济发展助推我国企业生态化

树立低碳经济理念、践行低碳经济活动，是我国基于可持续发展、环境保护和资源节约而实施的重大战略。通过低碳经济活动，我国经济发展方式会得到有效转变，我国经济增长质量会得到明显改善，我国经济增长动力会得到持续提升。企业则能够向消费者提供符合环境友好、资源节约的高品质的生态产品，消费者会认同企业的生产经营理念，并通过货币选票为企业获得可观的利润水平提供支撑。正是在低碳经济的战略背景下，企业会不断从全过程角度来加快推进生态化。

（1）低碳经济理念，能够让企业树立生态化思维。低碳经济理念，使企业能够在生产经营过程中改变以往只追求经济利润最大化的单一目标，转向兼顾经济利益、社会利益和生态利益，试图实现三者最大化的融合。为此，企业就会在低碳经济理念的大背景下，转变以往的发展逻辑，树立生态化思维。正如前文所述，企业的生态化思维是全过程的，不仅有产前，还有产中更有产后；不仅直接指向环境友

好化和资源节约化，还直接面向消费者生态权益的保障，更着眼于自身可持续发展空间的拓宽和能力的提升。

（2）低碳经济理念，能够让企业践行低碳化生产。低碳经济理念要落地，需要企业真正地在生产过程中践行。为了切实履行企业生态责任，企业会以低碳化理念为根本遵循，在生产过程中落实低碳化、清洁化和节能化、节约化，最终不断向社会提供优质的、生态品质较高的产品。为此，企业一般会选择清洁生产来践行低碳经济理念，以"节能、降耗、减污、增效"为核心目标，率先使用先进的节能技术，从源头上控制污染和环境破坏，注重发展循环经济，以总量控制来实现污染物跨期的最优化排放。

（3）低碳经济理念，能够让企业展开环境成本硬预算。在没有推行低碳化经济理念之前，企业一般不会将污染环境所产生的成本内化于自身的成本范畴中，从而使得企业在排放污染物时缺乏成本约束。但是，当低碳经济理念被运用于企业生产后，企业就会考虑污染环境给自身生产经营活动带来的成本影响，企业就会依照外在成本内在化的基本经济学逻辑，把污染环境所产生的成本考虑到成本体系中，从而成为影响企业经济利润和生态利润的硬预算，进而企业就会内部化外在成本，不断地降低生产活动所造成的环境污染可能性。

（4）低碳经济理念，能够让企业拓宽收益范围。对收益的不同理解影响了企业经济行为的差异性。低碳经济理念的提出，能够拓宽企业经营理念，尤其是拓展收益范围。企业不再仅仅拘泥于经济收益，而是关注社会收益和生态收益，并试图将三者最优化地融合到一起，从而企业就会将以往的狭隘的经济利润最大化转变为经济利润、生态利润和社会利润三者融合的最大化。这就意味着企业能把自身对利润的追求与企业生产经营活动所涉及的利益相关者最和谐地统一到一起，从而构建和谐的利益相关者链条。

（5）低碳经济理念，能够让企业注重追求可持续发展。永续发展是企业追求的永恒主题。低碳经济理念所折射出的经济学逻辑，能够让企业注重可持续发展能力体系的构建，并不断寻找支撑因素。为了实现可持续发展，企业会通过既有资源集合体的跨期优化配置，以优化配置所释放的效力来夯实企业可持续发展的基础，并不断拓宽企业可持续发展空间，塑造企业可持续发展竞争力，最后让企业步入可持续发展的良性轨道。

总而言之，低碳经济理念追求的是可持续发展，实现资源节约利用和环境友好化，这种生态观势必会影响企业的经营观念和经营策略，从而塑造企业的发展轨迹。正是在低碳经济理念的影响下，企业会逐步改变自身生产经营方式，积极践行清洁生产，降低污染物排放，减轻环境破坏，尽最大能力向社会提供资源节约型、环境友好型的产品，不断满足消费者对生态产品的需求。

第 **7** 章

我国企业生态化的模式选择

企业生态化过程是一个系统工程，它不仅需要企业自身实力的不断增强（包括生态意识、责任意识以及经济总量等综合实力），更需要构筑一个企业生态化发展的外部"绿色"环境（包括政府职能的"绿色"创新和消费者行为"绿色"意识的提升）。发展绿色经济，推动企业生态化进程，需要政府在职能、行为、机制等方面全程绿色化，建立生态市场经济体制和生态、经济一体化的经济发展模式。从可持续发展和环境保护角度出发，构建对发展绿色经济的控制力较强的绿色政府，让政府在解决生态环境问题上发挥比解决经济问题更重要的作用，这是完善我国企业生态化发展的必要条件。企业行为绿色化是推进企业生态化发展的内在的本质的要求，是决定企业生态化进程的内生变量。消费者行为的绿色化是完善企业生态化的基础性的市场条件，是企业行为能否得到认可的检验场所，也是企业长远发展所不能不重视的重要条件。

树立生态信仰的理念，是企业履行生态责任的第一要务。要从理念的角度充分认识到生态化不仅仅是外在约束带来的行为选择，而是一个必然的内在选择。要从信仰的角度，让企业自觉履行生态责任，只有内化为理念，企业履行生态责任的自觉性和主动性才能凸显；否则，外在约束导向的生态化行为，缺乏内在的主动性和积极性，一旦外在的约束弱化了，企业就没有履行生态责任的压力和动力了。所以，通过生态信仰的树立，让企业增强生态供给侧改革，以完善的制度设计构建生态信仰支撑体系，切实将企业生态化落实到位。

7.1 "绿化"政府职能——企业生态化的必要条件

早在 1994 年，我国中央政府就已经签署并实施了《中国 21 世纪议程》，并明确了我国政府的生态责任；党的十六大报告明确提出走新型工业化道路，十六届三中全会进一步提出"坚持以人为本，树立全面、协调、可持续的发展观"，十六届四中全会提出包括人与自然和谐相处在内的建设社会主义和谐社会的任务；十七大报告提出科学发展观，坚持全面协调可持续发展，坚持生产发展、生活富裕、生态良好的文明发展道路，建设资源节约型、环境友好型社会，实现速度与结构质量效益相统一、经济发展与人口资源环境相协调，使人民在良好的生态环境中生活，实现经济社会永续发展；到了十八大，专门提出"大力推进生态文明建设。坚持节约资源和保护环境的基本国策，坚持节约优先、保护优先、自然恢复为主的方针，着力推进绿色发展、循环发展、低碳发展，形成节约资源和保护环境的空间格局、生产结构、生产方式、生活方式，从源头上扭转生态环境恶化趋势，为人民创造良好的生产生活环境，为全球生态安全做出贡献"；并且把建设资源节约型和环境友好型社会作为重要任务写进了"十一五"规划，把"实施主体功能区战略和大力发展循环经济、加大环境保护力度、促进生态保护和修复"写进了"十二五"规划。这一系列重要文件都在传递一个重要的信息，那就是在对待环境问题上我国已经形成共识，并且正在改变"高投入、高消耗、高排放、不协调、难循环、低效率"的粗放型增长方式，以科学发展观统领经济社会发展全局，实现"节约发展、清洁发展、可持续发展"。政府职能的"绿化"体现政府的生态责任意识的不断增强，也在无形中约束和影响着以企业为主的市场化主体的行为，是实现企业生态化的必要条件。

"绿化"政府职能有以下几方面：①实现"人的生态化"。主要是通过加强政府工作人员特别是各级领导干部对党和国家生态政策、理论、科技文化等知识的系统学习和有效实践，使其现代生态意识与环保政治觉悟得到有效提升，真正做到以保护环境为行为准则，以可持续发展为行政要求，切实有效地担当起生态建设的宣传者、组织者、推动者和实践者。②实现"物的生态化"。这是指政府行政部门在促进环保方面发挥典范作用，有针对性地将生态理念融入城市生活的各个角落，包括城市形象塑造、城市建筑设计以及城市基础设施建设等，尤其是一些城市公共设施

使用方面，更要体现"绿色""环保"概念，如节能、节水型用具、设备及设施的推广；通过政府绿色招标与采购，实现交通模式及办公用品的绿色选择；城市污水集中处理、垃圾分类收集及资源循环利用，等等。③建立一套绿色考评机制。[①]这是指通过构建和完善政府"绿色审计"机制，将环保业绩与经济业绩一并作为干部考核、任免的重要依据，强化各级政府官员做好环保工作的政治使命与生态责任意识。"绿化"政府职能的关键要实现政府决策的"环评化"，按照可持续发展原则，实施环境综合决策，特别是在城市规划、园林开发以及道路和重大项目建设等方面，都要系统地考虑潜在的环境影响，从决策的源头上确保生态环境安全，控制环境问题的产生。

7.2 "绿化"企业行为——企业生态化的内在要求

实现企业生态化必然要求企业行为"绿色化"，这种要求是内在的、本质的。它不仅体现在企业的生产过程中，而且也体现在企业生产的产品内，是企业生态责任的最直接体现。"绿化"企业行为应该从以下几方面着手：①绿化企业的经营思想。企业经营思想的改变仍然是解决人的问题，是一种主观意识的改变，这种改变有时需要外界环境的改变，有时需要通过政策调整或者外界环境的刺激（如政府职能的创新将直接影响企业的经营思想），从观念上树立生态化意识就是解决了问题的根本，不仅包括企业决策者（管理者）的生态意识提升，也包括企业一般员工的生态理念的改变。②绿化企业的经营行为。可以通过"移植"或者"嫁接"等方式，将绿色基因"植入"企业机体内部，如构筑企业生态化系统，在系统内部推行资源的再生循环利用，既可使企业节省能耗、提高资源使用效率、降低成本、实现清洁生产，又可生产出污染小、环保耐用的消费品，获得消费者的认可，扩大市场占有率，提高企业经营效益。据估计，在整个国民经济周转中，社会需要的最终产品仅占原材料用量的一半左右，很大一部分资源最终成为进入环境的"废弃物"，在浪费的同时，造成环境污染和生态破坏，是社会总福利的"双重流失"。所以，企业生态化是社会福利增加的必要条件，是工业文明迈向生态文明的最关键一步，也是企业履行生态责任的核心内容。企业行为的绿色化进度直接影响生态文明建设的发

---

① 该部分观点参见高有福：《环境保护中政府行为的经济学分析与对策研究》，长春：吉林大学经济学院，2006 年。

展进程。只有把资源环境要素内生化为影响经济增长的重要参数之一，才能真正发掘企业的内在潜力，实现对已有资源的循环利用，实现企业由外延型增长向内涵型增长的彻底转变，真正提高企业的综合竞争力。

7.3 "绿化"消费者选择——企业生态化的市场条件

消费者作为企业最重要的利益相关者之一，对企业长远发展战略会产生直接或间接影响，如果消费者的利益受到影响（尤其是因企业行为引发的消极影响），消费者会采取"用脚投票"的方式抛弃企业。这点已在前文有所论述，此处不再赘述。消费者的消费选择看上去似乎主动权完全在消费者手中，可事实却不尽然，一个理性的消费者在选择产品时，当消费品价位相同情况下，往往会选择产品设计上更人性化、操作上更方便、能源消耗更低的消费品；而如果功能相同的情况下，更环保、价格更低廉的产品往往会成为首选。可见，若企业能生产出环保、物美价廉的产品，引导消费者选择是完全可能的，也就是说，消费者的选择必然对企业行为产生影响。绿色的消费者选择是实现企业生态化必要的市场条件。

"绿化"消费者选择可以从以下几方面着手：①增加消费者收入，提高消费者购买力。实际上这是经济增长与环境问题关系处理的老问题，当"生存"成为消费者必须面对的话题时，环境问题的解决也许只能停留在书本文件或者作为环保人士的理想罢了，况且贫困问题与环境问题往往是一对孪生兄弟。可见，处理好经济增长和环境问题的关系是一个长期的过程，必须根据经济社会的不同发展阶段实施不同的经济政策和环境政策，才有可能在实现经济增长、增加收入的同时，环境影响最小。②宣传普及生态知识，提升消费者的环境健康意识。环保的产品有利于人的身心健康，其中的道理不言自明。当消费者把身心健康提升为生活质量的第一位时，污染最小、能量消耗最少的环保产品必将充斥整个消费品市场，消费者进行绿色选择的同时，也宣告了那些不主动承担生态责任的企业末日的来临。所以，"绿化"消费者选择有利于在企业内推行绿色管理、绿色营销，开拓和发展绿色产品，提高企业产品的竞争力，促进企业生态化发展进程。

第 8 章
经济全球化视角下的企业生态责任

2017 年 5 月 14 日，"一带一路"国际高峰论坛在北京召开，这是"一带一路"倡议提出 3 年多来最高规格的论坛活动，"一带一路"倡议的提出，为我国企业"走出去"参与经济全球化提供了最佳良机，但对于我国企业来说，也面临着诸多困难和问题需要解决。按照习近平总书记提出的愿景，要把"一带一路"建设成"和平之路、繁荣之路、开放之路、创新之路、文明之路"，这些要求和愿景需要我国企业在"走出去"的过程中逐步实施和落实。看上去是对我国企业的要求，但从另外角度看，更是"走出去"参与经济全球化的我国企业快速提升、创新发展的契机。一方面，我国企业可以充分利用全球化的市场，为过剩的产能和资本，找寻更大更适合的国际市场，提升企业竞争力的同时，提高了资本和产能的利用效率；另一方面，我国企业在这一过程中可以通过高起点设计，重构与消费者或者其他利益相关者的关系，通过生态化发展战略的实施，履行企业生态责任，在充分保障消费者权益的同时赢得自身的发展空间，从而实现自身的可持续发展战略。

事实上，对于一个能够"走出去"参与经济全球化的国际性企业来说，通过积极推行企业生态化战略，有针对性地将企业生产经营活动纳入生态文明战略中，不仅能从理念上认识到生态文明的紧迫性和重要性，以及履行生态责任的必要性，而且能从行动上践行生态文明理念，将低碳排放、清洁生产运用到企业实际生产过程中，在向社会提供生态品质高的产品的同时，企业获得了经济效益，消费者获得了具有生态效益的消费品，整个社会获得了最大化的生态效益。因此，通过推行"一带一路"倡议，我国企业在"走出去"参与经济全球化的过程中，在践行企业生态责任，赢得国际市场的同时，反过来对国内企业的示范效应也非常明显。只有认真实施生态化战略的企业，并以此为基础，提升企业的核心竞争力，才能成为未来市场真正的"宠儿"。

8.1　经济全球化的利弊分析

随着市场经济理论在全球范围内的迅速蔓延，世界经济全球化已经成为不可阻挡之势。一般认为，经济全球化，就是指商品、服务、生产要素等大规模地在世界范围内流动，技术与信息在国际上迅速传播，国际分工进一步深化，各种资源在世界范围内的配置效率不断提高，世界各国经济出现的相互依存、相互渗透的一种新的经济现象。由于研究的角度及文化背景不同，对于经济全球化的认识和理解也不同，我国博鳌亚洲论坛主席龙永图认为，"经济全球化是一种新的国际关系体制，包括生产、金融和科技三个方面的全球化"[1]，也有人把经济全球化理解为一种经济过程，一种经济活动的国际化过程及其形式。美国匹斯堡大学社会学教授罗伯逊对全球化的定义是："全球化最好被理解为表示世界统一起来所采用的形式。"[2] 按照这样的理解，经济全球化就是经济活动日益国际化的过程和形式。

随着科学技术的迅猛发展，跨国公司的规模不断扩大，世界各国经济影响相互加深，联动性增强，各种生产要素在获得各自收益的同时，也给世界带来了相当的风险。所以，经济全球化发展本身就是一把"双刃剑"，它一方面加快了世界经济的发展；另一方面由于资源的全球化配置，将使优势要素所有者获取更大收益，扩大了贫富差距，使穷国越穷，富国越富。也就是说，在经济全球化过程中，对世界各国包括各国的企业来说，都充满着机遇和挑战，如何在全球化过程中兴利除弊是摆在各国面前必须认真选择的问题。

经济全球化对世界经济发展的积极作用主要体现在以下几方面：①经济全球化为资源在世界范围内的合理配置提供了有利条件。各国可以在国际交往过程中，发

---

① 龙永图：《关于经济全球化问题》，1998 年 10 月 30 日《光明日报》。
② 罗兰·罗伯逊：《全球化》，匹斯堡大学出版社，1992 年版。转引自王锐生、程广云：《经济伦理研究》，北京：首都师范大学出版社，1999 年版，第 32 页。

挥各自特有的优势，为本国获取更多的相对收益。②经济全球化加快了世界市场的产业结构调整，在国际资本和技术在全球范围内迅速转让的过程中，世界性产业结构将获得不断调整和升级，一些发展中国家可以通过引进发达国家的资金、先进技术和先进管理经验来加速发展本国经济。③经济全球化将使世界市场变成一个不断扩大的统一的整体，竞争必将更加激烈，各国企业必须改善生产经营模式、提高劳动生产率、降低生产成本以寻求更大的利润空间，同时，激烈的市场竞争还会刺激新技术的研究与开发，使科技成果在世界范围内更快地转化为生产力，从而刺激全球经济的增长。

经济全球化的过程同时也是世界经济面临挑战的过程：①经济全球化使世界经济更加不稳定。一方面，由于世界贸易市场流通加快，各国对外贸易依存度普遍提高，一般国家已超过 3%，个别国家则高达 5%～6%，而且还有进一步加强的趋势，使得任何国家的内部失衡，都有可能引起世界经济的波动。另一方面，世界金融市场迅速扩大，金融创新工具不断出现，世界金融体系使各国经济紧密地联系在一起，金融市场固有的投机性往往会酿成破坏性极大的金融危机，进而波及整个世界经济，使各国的经济发展都不同程度地受到冲击。尤其是国际游资往往成为全球经济不稳定的祸根，促使金融危机蔓延，甚至变成世界经济危机。这在 1998 年的东南亚金融危机已经得到验证，由于美国的次贷危机作为导火索，引起世界金融危机，进而变成世界经济危机，再次证明了经济全球化的风险性。②经济全球化有时会使国家经济主权受到冲击和影响。在国家经济独立性因主动让渡（如同意世界贸易组织降低关税的要求，接受国际货币基金组织调整经济的政策等）和被动侵蚀（如跨国公司对东道国经济政策的抵制，国际资本对资本流入国经济利益的损害等）而下降的情况下，各国政府如何维护本国产业的发展和保障国家目标的实现，实质是在考验各国政府的应对能力，只有在国际经济发展中增强本国的综合实力，才是保护国家及民族利益的良方。③经济全球化客观上加剧了世界经济的不平衡，使贫富差距拉大。虽然经济全球化客观上能导致全球物质财富的增加，但在市场化的过程中，竞争是首要法则，它在创造高效率的同时，必然导致财富越来越向少数国家或利益集团集中，社会分配更加不公，贫富差距进一步扩大。据世界银行统计，1983年高收入发达国家的人均是低收入发展中国家的 43 倍，到了 1994 年变为 62 倍。④跨国公司已经成为全球化经济的主体。跨国公司利用其全球化战略和高度集中的管理体制，在全球范围内发展子公司，实施一体化经营，以比较优势开发全球资源，对拥有的生产资源进行全球化配置。据统计，跨国公司的贸易额已经占世界贸易总额的 40%以上，其内部贸易及相互贸易占世界贸易的 60%以上。跨国公司的销售额从 1980 年的 3 万亿美元增加到 2001 年的 19 万亿美元，是国与国之间贸易额的 2 倍。

8.2　企业生态责任的国际化趋势

　　经济全球化已经成为不可阻挡的趋势，与之相伴的市场这种资源配置手段将在全球范围内发挥作用，一些公共资源也必将在一定程度上在全球范围内重新分配，这也是一些人反对全球化的主要原因。跨国公司的迅速发展早已超出了国家的界限，这种有着资金和技术的大型企业甚至已经影响着世界上的每一个人，其背后是跨国企业的触角在世界范围内蔓延。由于有着资本和技术上的优势，他们可以在世界上任何允许的地方开办自己的分公司或者通过控股等方式实际控制着当地企业，如果跨国企业能严格遵守当地法律，承担必要的责任，或许是当地人们的幸事，否则，也许就是灾难。我国学者卢代富（2002）教授对这一问题有自己的明确看法，他认为与企业的日益巨型化及其正面效应相伴随的，则是企业规模扩张引发的一系列日趋严重的社会问题：跨国公司巨型化所导致的垄断破坏竞争性的市场结构、进一步拉大贫富差距、耗竭资源和破坏生态环境、干预政治等。"从这个意义上讲，企业承担社会责任在对待和处理外部性上体现了对正义的关注与贯彻"（卢代富，2002）。这种社会责任当然包含着企业的生态责任已经超出了一国的范畴，这种国际化趋势已呈愈演愈烈之势。企业承担生态责任实质上是对企业生产经营活动"负外部性"的一种补偿。外部性补偿论强调企业通过承担社会责任弥补自身生产经营活动所产生的负面影响，这种看法的主要问题是并非完全基于法律法规强制的企业社会责任难以解释所有的外部性问题，在现实经济中仍有大量企业为能明确认识和正确对待自身行为的外部性的情况下，外部性问题难以从企业承担社会责任而从根本上得以解决[①]。

　　从一些媒体的报道中可以看出，随着全球化进程的进一步加快，企业的跨国污染有愈演愈烈之势，一些发达国家的大型企业，借一些发展中国家急需资金和技术

---

① 唐更华：《企业社会责任发生机理研究》，长沙：湖南人民出版社，2008 年版，第 58 页。

之机，把自己的生产车间转移到了发展中国家，一方面可以借机进入该国市场；另一方面可以利用发展中国家的廉价劳动力和廉价资源、原材料，并且把污染也都留在了发展中国家。表面上打着为发展中国家发展经济的幌子，实际上是为资本和技术寻找新的市场，并且可以充分享受发展中国家"招商引资"的优惠政策。事实上是企业生态责任国际化，这种趋势已经成为一些发达国家控制一些经济发展比较弱的国家和地区并同时转嫁污染的政治砝码。根据 2006 年 11 月 5 日新华网的报道，一份由民间环保组织"公众与环境研究中心"发布的"环保违规名单"曝光的 33 家在华跨国公司的污染问题引起了社会的关注。这些跨国企业有些是缺乏应有的社会责任感，有些则是故意违反环境法，但因当地政府的"投资饥渴症"而对这些企业的违法排污采取睁一只眼闭一只眼的"暧昧"态度，无形当中充当了污染的"保护伞"，这份名单的企业数已经在 2007 年 8 月中旬达到了 90 家①。

同时，企业生态责任的国际化趋势还表现在，由于人类对自然资源的消耗呈加速趋势，世界范围内因争夺资源而发生的局部战争已经司空见惯，表面上为了地区保持和平，背后却是经济利益的战争，是为争夺资源的战争，如海湾战争、美国入侵伊拉克等。但战争的后果必然是加剧了生态灾难的发生，本身就是不负责任的。在 1991 年的海湾战争中，由于轰炸造成的输油管溢油，致使美丽丰饶的波斯湾变成一片死海，200 多万只海鸥丧生，许多鱼类和其他生物也在劫难逃，一些珍贵的鱼种彻底灭绝，造成的损失是难以挽回的。

8.3 我国企业应对生态国际化趋势的对策性建议

企业国际化是最近二三十年国际商务领域研究的重要课题之一。传统的国际化理论认为，企业国际化是以"实力"为前提条件的。以 Hymer 和 Chrales P. Kindleberger 为代表的垄断优势学派认为，企业从事海外直接投资的决定性因素或主要推动力量是企业在不完全竞争条件下所获得的各种垄断优势。而 Dunning（1976）的国际生产折中理论则强调，只有同时具备所有权优势、内部化优势和区位优势的企业，才有可能发展对外投资模式。以 Johanson 和 Vahine 为代表的北欧学派（1990）使用企业行为理论研究方法，通过对瑞典四家企业的海外经营过程进行比较时发现，它

---

① http://env.people.com.cn/GB/6153097.html，2007 年 8 月 22 日。

们在海外经营战略步骤上有惊人的相似之处，通过对企业国际化进程角度进行分析后提出了企业国际化阶段论，认为企业是沿着某种既定的国际化路径进入国际市场的。

对于我国企业而言，由于起步相对较晚，尽管目前取得了一些成就，并获得了世界市场的认可，但我国企业国际化尚处于"试错"阶段①，企业内部缺乏有效的监管，企业本身对国际化的游戏规则也不熟悉，处于学习阶段。据统计，我国企业海外并购成功案例的比例仅为 30%左右，说明我国企业国际化过程中要走的路还很长，尤其在跨国公司迅速扩张的大背景下，我国企业选择什么样的"走出去"战略就显得非常重要。对此，提出以下对策性建议：

（1）熟悉国际惯例与规则，做好"走出去"的前期准备。熟悉国际惯例及国际法规是我国企业实施"走出去"战略的必要条件。根据美国著名咨询机构波士顿咨询有限公司（BCG）2006 年发布了一份名为《新全球挑战者》的报告，在评出的全球快速发展经济体（RDE）正迈向国际化、具有良好发展潜力的百强企业中，中国有 44 家榜上有名，这显示了我国企业国际化进程很快，波士顿咨询公司首席执行官汉斯保罗·博克纳一针见血地指出，"在国际化进程中，这些中国企业由于缺少国际化实践经验。大多存在两大问题：一是缺乏均衡发展能力。二是品牌国际化投入不足"②。可见，我国企业在国际化进程中的前期准备并不充分，这也为后来遇到各种贸易壁垒埋下了"隐患"，应成为后来者的"前车之鉴"。在新的世界格局不确定性因素不断增多趋势的背景下，我国企业应该借鉴其他失败者的经验和教训，熟悉并深刻领会国际性惯例与国际规则并能尽快适应，为真正"走出去"做好做足前期准备功课。

（2）以生态化建设为基础，创建企业生态品牌，为"走出去"后长远发展奠定坚实的企业绿色发展基础。企业实施生态化发展战略是企业长久发展所必须具备的条件，是提升企业内在素质的基本要求。衡量一个企业是否具有长远发展的潜力，基本标准包括组织全球化程度、国际化并购、融资能力、创新能力和国际品牌价值，对于"走出去"的我国企业而言，站稳国际市场是参与国际化的第一步，接下来就是创建属于自己的品牌，"品牌国际化是实现可持续发展的重要保障，也是成败与否的标志"，如果能以企业生态化建设为基础，从产品的设计、生产、包装以及营

---

① 孙君成：南方日报，2007 年 1 月 2 日第 A18 版。

② 谷慧：《波士顿：五大标准审视中国企业国际化》，2006 年 8 月 31 日《民营经济报》第 004 版。

销手段等方面都体现出企业的生态化建设理念，都能体现企业本身是负责任国际化企业，必能为企业品牌价值提升和扩大国际市场影响等增加筹码，为企业长远发展奠定坚实的绿色发展基础。

（3）紧紧抓住"一带一路"战略发展机遇，拓宽企业国际发展空间。当前实施的"一带一路"战略，为我国企业国际化提供了难得的历史发展机遇。我国企业应当围绕这一重大的国家战略，做好国际化战略的顶层设计，制定好国际化战略的保障措施，通过"走出去"来拓宽发展空间，并以高品质的产品和良好的公民形象履行企业生态责任。最为切实可行的方法就是，加强与"一带一路"战略沿线国家企业的战略合作，形成利益共同体，特别是要紧紧围绕"一带一路"战略沿线国家的产业发展布局为参照依据，通过与东道国的企业进行有效合作来拓展国际市场。为此，就需要吸纳深知东道国经济社会法律实况的人才，通过高素质的人力资本来提升企业"走出去"的竞争力。与此同时，企业要严格遵守东道国的法律法规，坚决不能破坏环境，节约资源利用，通过提供生态品质高的产品赢得东道国政府、企业和消费者的高度认可，并以此进一步拓宽未来合作空间。由此可见，企业生态竞争力，是企业"走出去"、实施国际化战略的有效途径。企业应以提升生态竞争力为切入点，为国际化战略注入不竭动力。

（4）彻底履行生态责任，为"走出去"后打造良好的国际形象。良好的国际形象是开启国际市场消费者选择大门的钥匙。一个成功的国际企业首先应该是一个依法行事、照章纳税的负责任的企业，是一个不单纯以追求利润最大化为标准的社会组织。目前，一些国际大企业集团为了眼前利益，利用一些发展中国家"投资饥渴症"，通过各种非竞争手段打压竞争对手，占据市场，甚至偷漏税款、随意排放污染的严重不负责任的行为也时有发生，这些行为不仅损害了消费者利益，也必将使这些企业的品牌价值大打折扣。对于"走出去"的中国企业来说，在国际竞争中，承担必要的责任应视为企业分内之事，通过实施生态化发展战略，履行生态责任，确立自己的综合竞争优势，打造良好的中国企业国际形象。

参考文献

[1] Hawken Paul，Lovins Amory，Lovins L. Hunter. 自然资本论——关于下一次工业革命[M]. 王乃粒，诸大建，龚义台，译. 上海：上海科学普及出版社，2000.

[2] 阿马蒂亚·森（Amartya Sen）. 以自由看待发展[M]. 任赜，于真，译. 北京：中国人民大学出版社，2002.

[3] 阿奇·B. 卡罗尔（Archie B. Carroll），安·K. 巴克霍尔茨（Ann K. Buchholtz）. 企业与社会——伦理与利益相关者[M]. 黄煜平，等译. 北京：机械工业出版社，2004.

[4] 巴里·康芒纳（Barry Commoner）. 封闭的循环——自然、人和技术[M]. 侯文蕙，译. 长春：吉林人民出版社，1997.

[5] 保罗·霍肯（Paul Hawken）. 商业生态学——可持续发展的宣言（1994）[M]. 夏善晨，余继英，方堃，译，上海：上海译文出版社，2006.

[6] 彼得·S. 温茨（Peter S. Wenz）. 环境正义论（1988）[M]. 朱丹琼，宋玉波，译，上海：上海人民出版社，2007.

[7] 彼得·德鲁克（Peter F. Drucker）. 公司的概念[M]. 慕凤丽，译. 北京：机械工业出版社，2008.

[8] 勃朗科·霍尔瓦特. 社会主义政治经济学——一种马克思主义的社会理论[M]. 吴宇晖，马春文，陈长源，译. 长春：吉林人民出版社，2001.

[9] 布伦诺·S. 弗雷（Bluno S. Frey），阿洛伊斯·斯塔特勒（Alois Stutzer）. 幸福与经济学[M]. 静也，译. 北京：北京大学出版社，2006.

[10] 蔡虹，刘新民. 对"资本雇佣劳动"命题的质疑——兼论"劳动雇用资本"[J]. 中州学刊，2002（2）.

[11] 蔡熹耀. 企业生态系统的理论分析[J]. 交通企业管理，2005（3）.

[12] 陈德萍，安凡所. 企业社会责任实现的成本收益分析[J]. 广东财经职业学院学报，2007（1）.

[13] 陈浩. 生态企业与企业生态化机制的建立[J]. 管理世界，2003（2）.

[14] 陈宏辉，贾生华. 企业社会责任观的演进与发展：基于综合性社会契约的理解[J]. 中国工业经济，2003（12）.

[15] 陈迅，韩亚琴. 企业社会责任分级模型及其应用[J]. 中国工业经济，2005（9）.

[16] 陈耀. 生态工业——新型工业化的重要方向[N]. 经济参考报，2003-02-26.

[17] 陈岳堂，郭建国. 经济行为的伦理审视——从"经济人"谈起[M]. 长沙：湖南师范大学出版社，2004.

[18] 戴维·皮尔斯（Pearce D W），杰瑞米·沃福德（Warford J J）. 世界无末日——经济学、环境与可持续发展（1993）[M]. 张世秋等，译. 北京：中国财政经济出版社，1996.

[19] 戴星翼. 走向绿色的发展[M]. 上海：复旦大学出版社，1998.

[20] 丹尼尔·A. 科尔曼（Daniel A. Coleman）. 生态政治——建设一个绿色社会（1994）[M]. 上海：上海世纪出版集团、上海译文出版社，2006.

[21] 单泪源. 基于生态位理论的企业竞争战略研究[J]. 科学学与科学技术管理，2006（3）.

[22] 德内拉·梅多斯（Donella Meadows），乔根·兰德斯（Jorgen Randers），丹尼斯·梅多斯（Dennis Meadows）. 增长的极限（2004）[M]. 李涛，王智勇，译. 北京：机械工业出版社，2006.

[23] 董军. 企业社会责任研究[D]. 南京：东南大学，2005.

[24] 杜国柱. 企业商业生态系统理论研究现状及展望[J]. 经济与管理研究，2007（7）.

[25] 范建平，梁嘉骅. 企业生态系统及其复杂性探讨[J]. 科技导报，2002（3）.

[26] 方精云. 全球生态学——气候变化与生态响应[M]. 北京：高等教育出版社，2000.

[27] 菲利普·科特勒（Philip Kotler），南希·李（Nancy Lee）. 企业的社会责任——通过公益事业拓展更多的商业机会（2005）[M]. 姜文波，译. 北京：机械工业出版社，2006.

[28] 葛振忠，梁嘉骅. 企业生态位与现代企业竞争[J]. 华东经济管理，2004（2）.

[29] 宫丽华. 企业生态与企业生态分析[J]. 科技与管理，2005（4）.

[30] 郭复初，郑亚光. 经济可持续发展财务论[M]. 北京：中国经济出版社，2006.

[31] 韩国圣. 企业生态位理论：现代企业竞争的新视野[J]. 商业研究，2001（6）.

[32] 赫伯特·马尔库塞. 单向度的人[M]. 刘继，译. 上海：上海译文出版社，2006.

[33] 赫尔曼·E. 戴利（Herman E. Daly），肯尼斯·N. 汤森（Kenneth N. Townsend）. 珍惜地球——经济学、生态学、伦理学[M]. 马杰，钟斌，朱又红，译. 北京：商务印书馆，2001.

[34] 赫尔曼·E·戴利（Herman E. Daly）. 超越增长——可持续发展的经济学[M]. 诸大建，胡圣，译. 上海：上海世纪出版集团，2006.

[35] 蒋文莉. 生态企业的基本要求和建设措施[J]. 生态经济，2000（11）.

[36] 焦必方. 环保型经济增长——21世纪中国的必然选择[M]. 上海：复旦大学出版社，2001.

[37] 杰弗里·萨克斯（Jeffrey Sachs）. 贫穷的终结——我们时代的经济可能[M]. 邹光，译. 上海：世纪出版集团、上海人民出版社，2008.

[38] 鞠芳辉. 企业社会责任的实现——基于消费者选择德分析[J]. 中国工业经济，2005（9）.

[39] 莱斯特·R. 布朗. B 模式：拯救地球延续文明（2003）[M]. 林自新，暴永宁等，译. 北京：东方出版社，2006.

[40] 莱斯特·R. 布朗. 生态经济——有利于地球的经济构想[M]. 林自新，戢守志等，译. 北京：东方出版社，2002.

[41] 莱茵哈德·默恩. 企业家的社会责任[M]. 沈锡良，译. 北京：中信出版社，2005.

[42] 李敏，李晓慧，丁骅. 生态经济学与生态学、经济学关系的研究[J]. 林业勘查设计，2001（2）.

[43] 李艳华. 中国企业社会责任研究[D]. 广州：暨南大学，2006.

[44] 李自如，李玉琼. 网络环境对企业生态系统的影响效应[J]. 求索，2005（3）.

[45] 梁嘉骅，葛振忠，范建平. 企业生态与企业发展[J]. 管理科学学报，2002（2）.

[46] 林春逸. 发展伦理初探[M]. 北京：社会科学文献出版社，2007.

[47] 刘本炬. 论实践生态主义[M]. 北京：中国社会科学出版社，2007.

[48] 刘传江，杨文华，杨艳琳. 经济可持续发展的制度创新[M]. 北京：中国环境科学出版社，2002.

[49] 刘福森. 西方文明的危机与发展伦理学——发展的合理性研究[M]. 南昌：江西教育出版社，2005.

[50] 刘立燕. 企业社会责任：内涵、目标与计量[J]. 财会通讯·学术版，2006（7）.

[51] 刘仁胜. 生态马克思主义概论[M]. 北京：中央编译出版社，2007.

[52] 刘思华. 加强生态文明、绿色经济、绿色发展的马克思主义研究[J]. 生态经济通讯，2016（9）.

[53] 刘思华. 企业经济可持续发展论[M]. 北京：中国环境科学出版社，2002.

[54] 刘思华. 生态马克思主义经济学原理[M]. 北京：人民出版社，2006.

[55] 刘思华. 现代企业管理模式的生态经济本质——企业生态经济管理研究之四[J]. 生态经济，1995（5）.

[56] 刘思华. 现代企业理论的缺陷与绿色管理思想的兴起——企业生态经济管理研究之一[J]. 生态经济，1995（2）.

[57] 卢风，刘湘溶. 现代发展观与环境伦理[M]. 石家庄：河北大学出版社，2004.

[58] 路易吉诺·布鲁尼（Luigino Bruni），皮尔·路易吉·波尔塔（Pier Luigi Porta）. 经济学与幸福（2005）[M]. 傅红春，文燕平，译. 上海：世纪出版集团、上海人民出版社，2007.

[59] 马传栋. 工业生态经济学与循环经济[M]. 北京：中国社会科学出版社，2007.

[60] 马传栋. 可持续发展经济学[M]. 济南：山东人民出版社，2002.

[61] 马传栋. 论生态工业[J]. 经济研究，1991（3）.

[62] 马丁·利克特（Martin Ricketts）. 企业经济学——企业理论与经济组织导论（2002）[M]. 范黎波，宋志红，译. 北京：人民出版社，2006.

[63] 马克·斯考森，肯那·泰勒. 经济学的困惑与悖论[M]. 吴汉洪，苏晚囡，译，北京：华夏出版社，2001.

[64] 马克思. 资本论（第1卷、第2卷、第3卷）[M]. 北京：人民出版社，1975.

[65] 马克思恩格斯全集（第2卷、第5卷）[M]. 北京：人民出版社，1961.

[66] 梅方权. 源头活水——资源、环境和人类的再生之路[M]. 哈尔滨：东北林业大学出版社，1996.

[67] 牛德生. 从资本雇佣劳动到劳动雇用资本[J]. 学术月刊，2000（5）.

[68] 潘军. 论经济发展的生态学模式[J]. 江汉论坛，2004（4）.

[69] 钱辉，张大亮. 基于生态位的企业演化激励探析[J]. 浙江大学学报（人文社会科学版），2006（3）.

[70] 钱言，任浩. 基于生态位的企业竞争关系研究[J]. 财贸研究，2006（2）.

[71] 邱耕田. 低代价发展论[M]. 北京：人民出版社，2006.

[72] 任运河. 论企业的生态责任[J]. 山东经济，2004（3）.

[73] 塞缪尔·亨廷顿（Samuel P. Huntington）. 文明的冲突——与世界秩序的重建[M]. 周琪，刘绯，张立平，王圆，译. 北京：新华出版社，2002.

[74] 沈泽. 基于消费者视角的企业社会责任对企业声誉影响研究——三个行业的比较分析[D]. 杭州：浙江大学，2006.

[75] 时永顺. 资本雇佣劳动的根源[J]. 首都经贸大学学报，2005（3）.

[76] 史瑞克·戴维森. 生态经济大未来[M]. 汕头：汕头大学出版社，2003.

[77] 潭凌，高雯. 谈企业生态系统[J]. 合作经济与科技，2007（1）.

[78] 唐更华. 企业社会责任发生机理研究[M]. 长沙：湖南人民出版社，2008.

[79] 唐兴莉，魏光兴. 企业生态管理的层次体系分析[J]. 商业研究，2006（7）.

[80] 王立志. 生态视角下经济学的新演进[J]. 当代经济管理，2007（2）.

[81] 王兴元. 商业生态系统理论及其研究意义[J]. 科技进步与对策，2005（2）.

[82] 王忠锋. 关于生态经济学的前提性思考[J]. 汉中师范学院学报，2004（3）.

[83] 魏火艳. 企业生态系统的特征及系统优化策略探析[J]. 企业活力-管理理论，2006（12）.

[84] 魏婷. 企业社会责任辨析[J]. 北方经贸，2006（10）.

[85] 魏彦杰. 基于生态经济价值的可持续经济发展[M]. 北京：经济科学出版社，2008.

[86] 巫景飞. 企业理论再认识——兼评杨瑞龙和张维迎的企业理论[J]. 淮阴师范学院学报，2002（1）.

[87] 吴季松，循环经济——全面建设小康社会的必由之路[M]. 北京：北京出版社，2003.

[88] 肖焰恒，陈艳. 生态工业理论及其模式实现途径探讨[J]. 中国人口·资源和环境，2001（3）.

[89] 谢福秀. 企业责任：从经济责任向社会责任的转向——SA8000 标准伦理研究[D]. 南京：南京师范大学，2006.

[90] 熊友波. 用生态学理论浅析企业可持续发展之路[J]. 企业技术开发，2007（6）.

[91] 徐敏，邢德刚. 关于"资本雇佣劳动"理论的综述[J]. 长春师范学院学报，2004（5）.

[92] 亚当·斯密（Adam Smith）. 国民财富的性质和原因的研究. 上\下册（1880）[M]. 郭大力，王亚南，译. 北京：商务印书馆，2003.

[93] 闫安，达庆利. 企业生态位及其能动性选择研究[J]. 东南大学学报（哲学社会科学版），2005（1）.

[94] 岩佐茂. 环境的思想——环境保护与马克思主义的结合处（1994）[M]. 韩立新，张桂权，刘荣华，等译，中央编译出版社，2006.

[95] 阎兆万. 产业与环境——基于可持续发展的产业环保化研究[M]. 北京：经济科学出版社，2007.

[96] 姚海静. 企业生态责任的哲学基础研究[D]. 南京：南京师范大学. 2006.

[97] 伊恩·莫法特. 可持续发展——原则、分析和政策（1995）[M]. 宋国军，译. 北京：经济科学出版社，2002.

[98] 余斌. 资本雇佣劳动的逻辑问题——与张维迎先生商榷[J]. 东南学术，2003（1）.

[99] 约翰·贝拉米·福斯特（John Bellamy Foster）. 马克思主义的生态学——唯物主义与自然[M]. 刘仁胜，肖峰，译. 北京：高等教育出版社，2006.

[100] 约翰·贝拉米·福斯特（John Bellamy Foster）. 生态危机与资本主义（2002）[M]. 耿建新，宋兴无，译. 上海：上海译文出版社，2006.

[101] 约翰·伽思维尼恩（John Ghazvinian）. 能源战争——非洲石油资源与生存状态大揭秘[M]. 伍铁，唐晓丽，译. 北京：国际文化出版公司，2008.

[102] 詹姆斯·奥康纳. 自然的理由——生态学马克思主义研究（1997）[M]. 唐正东，臧佩洪，译. 南京：南京大学出版社，2003.

[103] 詹姆斯·拉伍洛克（James Lovelock）. 盖娅：地球生命的新视野（2000）[M]. 肖显静，范祥东，译. 上海：上海人民出版社，2007.

[104] 张明星，孙跃，朱敏. 种群生态理论研究文献综述[J]. 华东经济管理，2006（11）.

[105] 张庆普. 生态企业探讨[J]. 学习与探索，1998（6）.

[106] 张燚，张锐. 生态公司论[J]. 科技管理研究，2006（6）.

[107] 赵敏. 生态学与经济学：生态经济思想探源[J]. 长沙大学学报，2001（3）.

[108] 赵琼，齐振宏. 工业企业生态系统理论综述[J]. 中国水运（学术版），2006（9）.

[109] 周祖城. 企业社会责任：视角、形式与内涵[J]. 理论学刊，2005（2）.

[110] 朱谷生. 生态工业理论与实践及其对珠江上游工业化的启示[J]. 商业现代化，2005（11）.

[111] 朱奎. 资本雇佣劳动的经济学逻辑[J]. 当代经济研究，2001（6）.

[112] Alkhafaji A F. A stakeholder approach to corporate governance：Managing in a dynamic environment[M]. Westport，CT：Quorum Books，1989.

[113] Barney J. Firm resources and sustained competitive advantage[J]. Journal of Management，1991（17）：99-120.

[114] Carroll A B. Corporate Social Responsibility：Evolution of a Definition Construct[J]. Business and Society，1999，38（3）.

[115] Walton C C. Corporate Social Responsibility[M]. Wadsworth Publishing Company，Inc.，1967.

[116] Maurice C J. The Changing Basis of Economic Responsibility[J]. Journal of Political Economy，1916，24（3）.

[117] Foulkes F K. Personnel policies in large nonunion companies[M]. Englewood Cliffs，NJ：Prentice-Hall，1980.

[118] Freeman R B，Medoff J L. What do unions do？[M]. New York：Basic Books，1983.

[119] Freeman R E，Evan W M. Corporate governance：A stakeholder interpretation[J]. Journal of Behavioral Economics，1990，19：337-359.

[120] Freeman R E，Gilbert D R. Managing stakeholder relationships[M]//Sethi S P，Falbe C M （Eds.），Business and society：Dimensions of conflict and cooperation. Lexington，MA：

Lexington Books，1987：397-423.

[121] Freeman R E，Reed D L. Stockholders and stakeholders：A new perspective on corporate governance[J]. California Management Review，1983，25（3）：93-94.

[122] Freeman R. Strategic management：A stakeholder perspective[M]. Englewood Cliffs，NJ：Prentice-Hall，1984.

[123] Friedman M. The social responsibility of business is to increase its profits[J]. New York Times，1970（13）：122-126.

[124] McGuire J B. Corporate social responsibility and firm financial performance[J]. Academy of Management Journal，1988，31（4）：854-872.

[125] Jensen M C，Meckling W H. Theory of the firm：Managerial behavior，agency costs，and ownership structure[J]. Journal of Financial Economics，1976（3）：305-360.

[126] Mitchell R，Agle B，Wood D. Towards a theory of stakeholder identification and salience：defining the principle of who and what really counts[J]. Academy of Management Review，1997（22）：853-886.

[127] Freeman R E. Strategic Management：A Stakeholder Approach[M]. Boston：Pitman，1984.

[128] Daft R L，Sormunen J，Parks D. Chief Executive Scanning，Environmental Characteristics，and Company Performance：An Empirical Study[J]. Strategic Management Journal，1988，9（2）：123-139.

[129] Saleem S. Corporate Social Responsibilities：Law and Practice[M]. London：Cavendish Publishing Limited，1996.

[130] Donaldson T，Preston L. The Stakeholder theory of the corporation：concepts，evidence and implications[J]. Academy of Management Review，1995，20（1）：65-91.

[131] Wicks A C，Gilbert D R，Jr Freeman R E. A feminist reinterpretation of the stake-holder concept[J]. Business Ethics Quarterly，1994，4（4）：475-497.

[132] Williamson. Markets and Hierarchies[M]. New York：Free Press，1975.

[133] Williamson. The economic institutions of capitalism[M]. New York：Free Press，1985.

[134] Wilson E O. Ecology，evolution and population biology，readings from Scientific American[M]. San Francisco：W. H. Freeman，1974.

[135] Wood D J. Business and Society（2nd ed. ）[M]. New York：Harper Collins，1994.

后 记

  当我的导师纪玉山先生跟我说，他已经将我的博士论文推荐给刘思华先生并已经得到刘老先生认可的时候，激动、兴奋等感觉轮流冲击着我的"小心脏"。由于我的博士论文选题方向为"企业生态责任"，现成可参考的资料相对有限，于是就大量查找并阅读有关生态经济学、可持续发展、环境伦理学、环境经济学等领域的文献资料，在文献搜索和论文写作过程中，我发现刘思华先生的名字俨然已经成为中国学者研究马克思主义生态经济学、可持续发展经济学、绿色发展等领域的代名词，刘老先生的巨著和紧随时代创新发展的学术思想对我完成毕业论文起到了非常关键的作用，在本书稿修改过程中，由于我平时工作比较忙，时常犯"拖延症"，给自己找借口，影响了书稿的修订进度。当我收到刘老先生寄给我的"书稿修改意见"时，我的心灵再次受到震撼，已过古稀之年的老先生，有如此敏锐的学术思想和严谨的学术态度，我还有什么理由不努力？还有什么借口说自己忙？于是我抓紧时间按老先生的要求对书稿进行了修改，老先生对本书关键理论的"点睛之笔"，解开了长时间困扰我的"结"，使我有种"拨云雾见青天"的感觉，将使我终生受益。再次感谢刘老先生。

贾成中

2017 年 6 月